国家职业技能鉴定考试指导

维修电工

（中级）

第 2 版

主　编　李　钰

编　者　易贵平　　赵　卿

　　　　蔡向禹　　赵国梁

主　审　郭大辉

U0209470

中国劳动社会保障出版社

图书在版编目（CIP）数据

维修电工：中级/人力资源和社会保障部教材办公室组织编写. —2 版. —北京：中国劳动社会保障出版社，2016

国家职业技能鉴定考试指导

ISBN 978 – 7 – 5167 – 2449 – 1

Ⅰ. ①维… Ⅱ. ①人… Ⅲ. ①电工 – 维修 – 职业技能 – 鉴定 – 自学参考资料 Ⅳ. ①TM07

中国版本图书馆 CIP 数据核字（2016）第 054747 号

中国劳动社会保障出版社出版发行

（北京市惠新东街 1 号 邮政编码：100029）

*

北京市白帆印务有限公司印刷装订 新华书店经销

787 毫米×1092 毫米 16 开本 13.75 印张 268 千字

2016 年 11 月第 2 版 2023 年 4 月第 7 次印刷

定价：**34.00** 元

营销中心电话：400-606-6496

出版社网址：http://www.class.com.cn

编 写 说 明

《国家职业技能鉴定考试指导》（以下简称《考试指导》）是《国家职业资格培训教程》（以下简称《教程》）的配套辅助教材，每本《教程》对应配套编写一册《考试指导》。《考试指导》共包括三部分：

第一部分：理论知识鉴定指导。此部分内容按照《教程》章的顺序，对照《教程》各章理论知识内容编写。每章包括三项内容：考核要点、辅导练习题、参考答案及说明。

——理论知识考核要点是依据国家职业技能标准、结合《教程》内容归纳出的该职业从基础知识到《教程》各章内容的考核要点，以表格形式叙述。表格由理论知识考核范围、考核要点及重要程度三部分组成。

——理论知识辅导练习题题型采用三种客观性命题方式，即判断题、单项选择题和多项选择题，题目内容、题目数量严格依据理论知识考核要点，并结合《教程》内容设置。

第二部分：操作技能鉴定指导。此部分内容包括两项内容：操作技能鉴定概要、操作技能模拟试题。

——操作技能鉴定概要由考核内容结构表及说明与重点项目要素细目及说明两部分组成。

——操作技能模拟试题是按职业实际情况安排了实际操作题、模拟操作题、案例选择题、案例分析题、情景题、写作题等，部分职业还依据职业特点及实际考核情况采用了其他题型。

第三部分：模拟试卷。包括该级别理论知识考核模拟试卷、操作技能考核模拟试卷若干套，并附有参考答案。理论知识模拟试卷体现了本职业该级别大部分理论知识考核要点的内容，操作技能考核模拟试卷完全涵盖了操作技能考核范围，体现了操作技能考核要点的内容。

本职业《考试指导》共包括 5 本，即基础知识、初级、中级、高级和技师高级技师。《国家职业技能鉴定考试指导——维修电工（中级）》是其中一本，适用于对中级维修电工的职业技能培训和鉴定考核。

　　本书在编写过程中得到了天津市职业技能培训研究室的大力支持与协助，在此一并表示衷心的感谢。

　　编写《考试指导》有相当的难度，是一项探索性工作。由于时间仓促，缺乏经验，不足之处在所难免，恳切欢迎各使用单位和个人提出宝贵意见和建议。

目　录

第三部分 模 拟 试 卷

第一部分　理论知识鉴定指导

第一章　继电控制电路装调维修

考核要点

考核范围	考核要点	重要程度
低压断路器、熔断器、接触器、热继电器、中间继电器的选用	低压断路器、熔断器、接触器、热继电器、中间继电器的类型结构、图文符号、功能及选用方法	掌握
	低压断路器、熔断器、接触器、热继电器、中间继电器的型号、技术参数	了解
按钮、指示灯、行程开关、控制变压器的选用	按钮、指示灯、行程开关、控制变压器的结构功能、图文符号、参数选择	掌握
	按钮、指示灯颜色的使用意义	掌握
计数器、时间继电器、速度继电器的选择	计数器、时间继电器、速度继电器的结构原理、图文符号、参数选择	掌握
继电器、接触器线路安装与调试	三相绕线转子异步电动机串电阻启动电路的工作原理、安装接线和调试方法	掌握
	三相绕线转子异步电动机串频敏变阻器启动电路的工作原理、安装接线和调试方法	了解
	多台三相异步电动机顺序控制电路的工作原理、安装接线和调试方法	掌握
	三相异步电动机正反转控制电路、位置控制电路的工作原理、安装接线和调试方法	掌握
	三相异步电动机能耗制动电路、反接制动电路的工作原理、安装接线和调试方法	掌握
机床电器控制电路维修	M7130 型平面磨床、C6150 型车床、Z3040 型摇臂钻床的主要结构和控制要求	了解
	M7130 型平面磨床、C6150 型车床、Z3040 型摇臂钻床原理图识读与工作原理分析	掌握
	M7130 型平面磨床、C6150 型车床、Z3040 型摇臂钻床常见故障分析与维修排查	掌握

辅导练习题

一、判断题（下列判断正确的请在括号内打"√"，错误的请打"×"）

1. 低压断路器除了可以接通和断开电路外，还具有短路保护、过载保护、欠压保护等功能。 （　　）

2. 低压断路器可以用于频繁启动电动机的场合。 （　　）

3. 低压断路器热脱扣器的整定电流应不小于所控制负载的额定电流。 （　　）

4. 低压断路器只能切断正常电流，不可以切断短路电流。 （　　）

5. 熔断器在电路中主要起到过载保护作用。 （　　）

6. 熔体的额定电流必须大于熔断器的额定电流。 （　　）

7. 熔断器的熔断时间与电流的平方成正比。 （　　）

8. 熔管的主要作用是保护熔体。 （　　）

9. 熔断器的分断能力应大于电路可能出现的最大短路电流值。 （　　）

10. 在安装 RL1 系列熔断器时，电源线应接在下接线端。 （　　）

11. 快速熔断器的熔体可以反复使用。 （　　）

12. 安装熔丝时，一定要沿逆时针方向弯过来，压在垫圈下。 （　　）

13. 交流接触器中短路环的作用是消除电磁系统振动和噪声。 （　　）

14. 直流接触器中也需要安装短路环。 （　　）

15. 接触器可以实现远距离遥控。 （　　）

16. 接触器是按主触点通过的电流种类区分交流接触器和直流接触器。 （　　）

17. 直流接触器的控制线圈可以使用交流电源。 （　　）

18. 接触器可分为有触点接触器和无触点接触器。 （　　）

19. 交流接触器的控制电压一定是交流电源。 （　　）

20. 交流接触器的额定电压是指控制线圈的电压。 （　　）

21. 接触器具有零压保护和失压保护功能。 （　　）

22. 只要将热继电器的热元件串接在主电路中就能够起到过载保护作用。 （　　）

23. 热继电器的热元件必须与电动机串联。 （　　）

24. 当热继电器动作不准确时，可用弯折双金属片的方法调整。 （　　）

25. 热继电器主要用于过载保护，也可用于短路保护。 （　　）

26. 热继电器主要用于过载保护，也可用于缺相保护。 （　　）

27. 中间继电器也可以作为一般接触器使用。 （　　）

28.　中间继电器按照控制线圈通过的电流种类区分交流和直流。　　　　（　　　）

29.　中间继电器的主要功能是控制功率放大和辅助触点数量扩充。　　　（　　　）

30.　中间继电器的触点可以全部是常开触点。　　　　　　　　　　　　（　　　）

31.　中间继电器也可以有主触点。　　　　　　　　　　　　　　　　　（　　　）

32.　急停按钮具有自锁装置，能保持断开状态。　　　　　　　　　　　（　　　）

33.　选择按钮时，要根据功能选择按钮触点类型和按钮颜色。　　　　　（　　　）

34.　复合触点动作的顺序是先闭合常开触点，后断开常闭触点。　　　　（　　　）

35.　启动用绿色按钮，停止用红色按钮，点动用黑色按钮。　　　　　　（　　　）

36.　可以利用按钮远距离遥控接触器。　　　　　　　　　　　　　　　（　　　）

37.　按钮属于主令电器。　　　　　　　　　　　　　　　　　　　　　（　　　）

38.　所有指示灯内部都有小型变压器。　　　　　　　　　　　　　　　（　　　）

39.　表示设备正在运行，注意危险，应该用绿色指示灯。　　　　　　　（　　　）

40.　表示设备控制系统运行正常，应该用绿色指示灯。　　　　　　　　（　　　）

41.　指示灯属于主令电器。　　　　　　　　　　　　　　　　　　　　（　　　）

42.　按钮颜色含意与指示灯颜色含意是一样的。　　　　　　　　　　　（　　　）

43.　行程开关不属于主令电器。　　　　　　　　　　　　　　　　　　（　　　）

44.　行程开关与按钮作用类似，用来接收机械设备的指令。　　　　　　（　　　）

45.　行程开关都能自主复位。　　　　　　　　　　　　　　　　　　　（　　　）

46.　行程开关的碰块撞杆应在开关滚轮或推杆的动作轴线上。　　　　　（　　　）

47.　控制变压器一般都是双绕组变压器。　　　　　　　　　　　　　　（　　　）

48.　控制变压器的容量是指一次侧的输入功率。　　　　　　　　　　　（　　　）

49.　控制变压器的一次侧可以输入两种不同的电压。　　　　　　　　　（　　　）

50.　控制变压器可以输出 220 V 的电压。　　　　　　　　　　　　　　（　　　）

51.　计数器不仅可以实现加法计数，还可以实现减法计数。　　　　　　（　　　）

52.　计数器的计数端不能输入电压。　　　　　　　　　　　　　　　　（　　　）

53.　计数器的计数端可以输入交流电压，也可以输入直流电压。　　　　（　　　）

54.　计数器的显示方式有字轮显示、LED 数码显示和 LCD 液晶显示。　　（　　　）

55.　可逆计数器有两个计数输入端，数值可增可减。　　　　　　　　　（　　　）

56.　速度继电器主要用于正反转控制线路中。　　　　　　　　　　　　（　　　）

57.　速度继电器主要用于丫－△启动控制线路中。　　　　　　　　　　（　　　）

58.　速度继电器主要用于反接制动控制线路中。　　　　　　　　　　　（　　　）

59.　速度继电器内部是一个直流发电机。　　　　　　　　　　　　　　（　　　）

60. 速度继电器内部有两组触点，可适用于正转或反转电路。 （　　）

61. 一般情况下，转速超过 120 r/min，速度继电器的触点动作。 （　　）

62. 一般情况下，转速低于 120 r/min，速度继电器的触点复位。 （　　）

63. 速度继电器转子上安装的是永久磁铁。 （　　）

64. 定时精度要求高的场合应选用电动式或晶体管式时间继电器。 （　　）

65. 气囊式时间继电器通过改变电磁机构安装方向可改变延时方式。 （　　）

66. 延时断开的常闭触点属于断电型时间继电器。 （　　）

67. 延时闭合的常开触点属于通电型时间继电器。 （　　）

68. 时间继电器不仅有延时动作触点，还有瞬时动作触点。 （　　）

69. 电磁式时间继电器只能用于断电延时的场合。 （　　）

70. 三相绕线式异步电动机可通过调节转子回路电阻改变启动特性。 （　　）

71. 三相绕线式异步电动机转子串电阻启动过程中，所串电阻逐级增加。 （　　）

72. 三相绕线式异步电动机转子串电阻启动可获得较大启动转矩。 （　　）

73. 三相绕线式异步电动机转子串电阻不仅可以启动，还可以调速。 （　　）

74. 机床的润滑、冷却和主轴之间需要采用顺序控制。 （　　）

75. 电动机启动时可实现顺序控制，停止时无法实现顺序控制。 （　　）

76. 通过一个接触器的辅助触点控制另外的接触器通断的措施称为联锁。 （　　）

77. 在自动往返控制电路中，行程开关的作用是位置控制和终端保护。 （　　）

78. 在自动往返控制电路中，两个接触器必须互锁，防止短路。 （　　）

79. 能耗制动需要外接低压交流电源建立制动磁场。 （　　）

80. 能耗制动准确平稳，制动力矩大。 （　　）

81. 能耗制动时需要限流电阻，但反接制动时不需要。 （　　）

82. 采用反接制动时，若不能及时切除电源，电动机可能会反转。 （　　）

83. 采用反接制动时，必须使用速度继电器。 （　　）

84. 自耦变压器不仅可以用于三相笼型电动机启动，还可以进行调速。 （　　）

85. 采用丫 - △降压启动，在降低启动电流时可增大启动转矩。 （　　）

86. 丫 - △降压启动只适用于正常时丫联结的笼型电动机。 （　　）

87. 延边三角形降压启动只适用于正常时△联结的笼型电动机。 （　　）

88. 只要电源容量足够大，电动机就可以采用直接启动。 （　　）

89. M7130 型平面磨床的电磁吸盘可以吸持加工黄铜零件。 （　　）

90. M7130 型平面磨床的电磁吸盘需要单独提供交流电源。 （　　）

91. M7130 型平面磨床中欠电流继电器的作用是防止电磁吸盘吸力过小。 （　　）

92. 必须对加工完毕的工件进行退磁才能从电磁吸盘上取下来。 （　　）

93. C6150 型车床主轴的转向取决于主轴电动机的转向。 （　　）

94. C6150 型车床中电磁离合器 YC1、YC2、YB 主要是控制主轴正反转。 （　　）

95. C6150 型车床溜板箱的快速移动是靠一台电动机单独实现的。 （　　）

96. C6150 型车床电磁离合器中通入的是交流电。 （　　）

97. Z3040 型摇臂钻床的摇臂在升降前需要先放松，升降后再夹紧。 （　　）

98. Z3040 型摇臂钻床的主轴的正反转是通过电动机正反转实现的。 （　　）

99. Z3040 型摇臂钻床的升降电动机和液压泵电动机都是短时工作，所以不需要安装热继电器。 （　　）

100. Z3040 型摇臂钻床的时间继电器是用来保证升降电动机完全停止后才开始液压夹紧。 （　　）

二、单项选择题（在下列每题的选项中，只有一个是正确的，请将正确答案的代号填在横线空白处）

1. 低压断路器热脱扣器的整定电流应_____所控制负载的额定电流。

    A. 不小于   B. 等于   C. 小于   D. 大于

2. 低压开关一般是_____。

    A. 自动切换电器   B. 半自动切换电器

    C. 非自动切换电器   D. 制动控制电器

3. 所有断路器都具有_____。

    A. 过载保护和漏电保护   B. 短路保护和限位保护

    C. 过载保护和短路保护   D. 失压保护和断相保护

4. DZ5 - 20 型低压断路器的电磁脱扣器主要作用是_____。

    A. 过载保护   B. 短路保护   C. 欠压保护   D. 缺相保护

5. DZ5 - 20 型低压断路器的热磁脱扣器主要作用是_____。

    A. 过载保护   B. 短路保护   C. 欠压保护   D. 缺相保护

6. 低压断路器的开断电流应_____短路电流。

    A. 大于安装地点的最小   B. 小于安装地点的最小

    C. 大于安装地点的最大   D. 小于安装地点的最大

7. 低压断路器的电气符号是_____。

    A. SB   B. FU   C. FR   D. QF

8. 熔断器的电气符号是_____。

A. ▭   B. ▯   C. ▯   D. ▱

9. 熔断器的主要作用是_____。

　　A. 过载保护　　　B. 短路保护　　　C. 过流保护　　　D. 缺相保护

10. 熔体的熔断时间与_____。

　　A. 电流成正比　　　　　　　　B. 电流成反比

　　C. 电流的平方成正比　　　　　D. 电流的平方成反比

11. 半导体元件的短路保护或过载保护均采用_____熔断器。

　　A. RL1 系列　　B. RT0 系列　　C. RLS 系列　　D. RM10 系列

12. 有填料封闭管式熔断器属于_____熔断器。

　　A. 开启式　　　B. 防护式　　　C. 封闭式　　　D. 纤维管式

13. 当负荷电流达到熔断器熔体的额定电流时，熔体将_____。

　　A. 立刻熔断　　B. 不会熔断　　C. 短延时熔断　　D. 长延时熔断

14. RL1 系列熔断器的熔管内充填石英砂是为了_____。

　　A. 绝缘　　　　B. 防护　　　　C. 灭弧　　　　D. 散热

15. 下面关于熔丝的正确说法是_____。

　　A. 只要线路中安装了熔丝，就起到保险作用

　　B. 选择额定电流小的熔丝，总是安全的。

　　C. 只有选择规格合适的熔丝，才能保证电路既能正常工作又能起到保险作用。

　　D. 可用稍细一些的铜丝代替相应的熔丝。

16. 由 4.5 kW、5 kW、7 kW 三台三相笼型感应电动机组成的电气设备中，总熔断器选择额定电流_____ A 的熔体。

　　A. 30　　　　B. 50　　　　C. 70　　　　D. 15

17. RL1—60 表示的是_____熔断器。

　　A. 螺旋式　　B. 快速　　C. 瓷插式　　D. 管式

18. 交流接触器短路环的作用是_____。

　　A. 短路保护　　　　　　　　B. 消除铁芯振动

　　C. 增大铁芯磁通　　　　　　D. 减少铁芯磁通

19. 接触器是按_____通过的电流种类区分交流接触器和直流接触器。

　　A. 主触点　　B. 辅助触点　　C. 控制线圈　　D. 被控设备

20. 交流接触器主要的发热元件是_____。

　　A. 线圈　　　B. 触点　　　C. 铁芯　　　D. 短路环

21. 选用交流接触器应全面考虑_____的要求。

A. 额定电流、额定电压、吸引线圈电压、辅助接点数量

B. 额定电流、额定电压、吸引线圈电压

C. 额定电流、额定电压、辅助接点数量

D. 额定电压、吸引线圈电压、辅助接点数量

22. 交流接触器的线圈电压过高将导致_____。

A. 线圈电流显著增加　　　　　　　B. 触点电流显著增加

C. 线圈电流显著减少　　　　　　　D. 触点电流显著减少

23. 对交流接触器而言，若操作频率过高会导致_____。

A. 铁芯过热　　　　　　　　　　　B. 线圈过热

C. 主触点过热　　　　　　　　　　D. 控制触点过热

24. 检修接触器，当线圈工作电压在_____% U_N 以下时交流接触器动铁芯应释放，主触点自动打开切断电路，起欠电压保护作用。

A. 85　　　　　B. 50　　　　　C. 30　　　　　D. 90

25. 直流电磁铁的电磁吸力与_____。

A. 气隙成正比　　　　　　　　　　B. 气隙成反比

C. 气隙的平方成正比　　　　　　　D. 气隙没有关系

26. 用接触器控制一台 10 kW 三相异步电动机时，宜选用额定电流_____ A 的交流接触器。

A. 10　　　　　B. 20　　　　　C. 40　　　　　D. 100

27. 热继电器金属片弯曲是由于_____造成的。

A. 机械强度不同　　　　　　　　　B. 温差效应

C. 温度变化　　　　　　　　　　　D. 热膨胀系数不同

28. 热继电器用作电动机的过载保护，适用于_____。

A. 重载间断工作的电动机　　　　　B. 频繁启动与停止的电动机

C. 连续工作的电动机　　　　　　　D. 任何工作制的电动机

29. 热继电器在电动机控制电路中不能作_____。

A. 短路保护　　　　　　　　　　　B. 过载保护

C. 缺相保护　　　　　　　　　　　D. 过载保护和缺相保护

30. 热继电器的感应元件是_____。

A. 电磁机构　　　B. 易熔元件　　　C. 双金属片　　　D. 控制触点

31. 热继电器的热元件应该安装在_____中。

A. 信号电路　　　　　B. 控制电路　　　　　C. 定子电路　　　　　D. 转子电路

32. 热继电器的动作电流整定值是可以调节的，调节范围是热元件额定电流的_____。

A. 50%～60%　　　　　　　　　　　B. 60%～100%

C. 50%～150%　　　　　　　　　　D. 100%～200%

33. 三相笼型异步电动机采用热继电器作为过载保护时，热元件的整定电流为电动机额定电流的_____倍。

A. 1　　　　　　B. 1.5～2.5　　　　　C. 1～1.5　　　　　D. 1.3～1.8

34. 按下复合按钮时，触点动作顺序是_____。

A. 常闭先断开　　　　　　　　　　B. 常开先闭合

C. 同时动作　　　　　　　　　　　D. 只有常开闭合

35. 停止按钮应采用_____。

A. 动断按钮　　　　　　　　　　　B. 动合按钮

C. 钥匙式按钮　　　　　　　　　　D. 开启式按钮

36. 按钮帽上的颜色用于_____。

A. 注意安全　　　　B. 引起警惕　　　　C. 区分功能　　　　D. 无意义

37. 绿色按钮用于_____。

A. 停止控制　　　　B. 运行控制　　　　C. 联锁控制　　　　D. 自锁控制

38. 在危险紧急情况下的停止按钮应选用_____式按钮。

A. 防爆　　　　　　B. 旋钮　　　　　　C. 钥匙　　　　　　D. 紧急

39. 按钮的电气符号是_____。

A. SA　　　　　　B. SB　　　　　　C. SQ　　　　　　D. QS

40. 主令电器主要用于闭合和断开_____。

A. 主电路　　　　　B. 信号电路　　　　C. 控制电路　　　　D. 继保回路

41. 绿色指示灯用于指示_____。

A. 正在运行　　　　B. 系统正常　　　　C. 超温运行　　　　D. 自锁运行

42. 红色指示灯用于指示_____。

A. 正在运行　　　　B. 系统正常　　　　C. 温度异常　　　　D. 联锁运行

43. 黄色指示灯用于指示_____。

A. 正在运行　　　　　　　　　　　B. 系统正常

C. 温度异常　　　　　　　　　　　D. 没有特定意义

44. 行程开关属于_____。

    A. 手动电器   B. 主令电器   C. 保护电器   D. 自动电器

45. 行程开关可以把_____转换为电信号。

    A. 运行距离   B. 运行速度   C. 运行时间   D. 运行力矩

46. 在位置控制电路中，必须使用_____。

    A. 行程开关   B. 按钮   C. 接触器   D. 都需要

47. 在加工速度比较慢的机床上，必须选用_____行程开关。

    A. 蠕动型   B. 瞬动型   C. 直动式   D. 滚轮式

48. 行程开关的电气符号是_____。

    A. SA   B. SB   C. SQ   D. QS

49. 控制变压器是_____。

    A. 自耦变压器   B. 主令电器

    C. 保护电器   D. 降压变压器

50. 控制变压器不能给_____供电。

    A. 指示灯   B. 接触器

    C. 快速电动机   D. 电磁阀

51. 控制变压器的额定容量是指_____。

    A. 变压器一次侧的最大输入视在功率   B. 变压器一次侧的最大输入有功功率

    C. 变压器二次侧的最大输出视在功率   D. 变压器二次侧的最大输出有功功率

52. 电子计数器的计数方式是_____。

    A. 加法计数   B. 减法计数   C. 可逆计数   D. 都可以

53. 电子计数器的计数输入端可以输入_____信号。

    A. 直流电压   B. 交流电压   C. 开关   D. 都可以

54. 对于△联结的电动机，过载保护应采用_____。

    A. 两相热继电器   B. 三相热继电器

    C. 通用热继电器   D. 带缺相保护的热继电器

55. 速度继电器的作用是_____。

    A. 限制运行速度   B. 速度测量

    C. 反接制动   D. 控制电动机方向

56. 速度继电器的运行方向是_____。

    A. 只能正转运行   B. 只能反转运行

    C. 正反转均可   D. 不需要运转

57. 速度继电器的速度一般超过_____r/min，触点将动作。

A. 100   B. 120   C. 220   D. 500

58. 速度继电器的速度一般低于_____ r/min，触点将复位。

     A. 100   B. 120   C. 220   D. 500

59. 延时闭合的常闭触点是_____。

     A.   B.   C.   D.

60. 时间继电器中精度最高的是_____时间继电器。

     A. 电磁式   B. 晶体管式   C. 电动式   D. 空气式

61. 只能实现断电延时的是_____时间继电器。

     A. 电磁式   B. 晶体管式   C. 电动式   D. 空气式

62. 晶体管式时间继电器比空气式时间继电器的延时范围_____。

     A. 大   B. 小   C. 相等   D. 可大可小

63. 空气式时间继电器线圈收到_____信号，才发出延时动作指令。

     A. 主电路   B. 辅助电路   C. 信号电路   D. 控制电路

64. 定时器中 ⊥ 表示的触点类型是_____。

     A. 延时闭合的常闭触点   B. 延时闭合的常开触点

     C. 延时断开的常闭触点   D. 延时断开的常开触点

65. 绕线转子电动机适用于_____启动方式。

     A. Y-△降压   B. 自耦变压器降压

     C. 转子串电阻   D. 定子串电阻

66. 自耦变压器降压启动适用于_____笼型电动机。

     A. Y联结   B. △联结   C. YY联结   D. 所有

67. Y-△降压启动适用于_____笼型电动机。

     A. Y联结   B. △联结   C. YY联结   D. 所有

68. 按钮联锁正反转控制线路的优点是操作方便，缺点是容易产生电源两相短路事故。在实际工作中，经常采用按钮，接触器双重联锁_____控制线路。

     A. 点动   B. 自锁   C. 顺序启动   D. 正反转

69. 三相异步电动机的正反转控制关键是改变_____。

     A. 电源电压   B. 电源相序   C. 电源电流   D. 负载大小

70. 绕线式电动机转子串电阻启动过程中，电阻器阻值_____。

     A. 逐渐增加   B. 逐渐减少   C. 固定不变   D. 突然变小

71. 在工作台自动往返控制线路中，为防止两个接触器同时动作造成短路，电路中必须采取_____措施。

  A. 点动   B. 自锁   C. 联锁   D. 顺序

72. 在工作台自动往返控制线路中,限制工作台位置的电气元件是_____。

  A. 中间继电器 B. 接触器   C. 行程开关 D. 按钮

73. 一台电动机需要制动平稳和制动能量小时,应采用_____方式。

  A. 机械制动   B. 能耗制动 C. 反接制动 D. 电容制动

74. 在反接制动中,速度继电器转子与电动机同轴连接,其触点接_____中。

  A. 主电路   B. 辅助电路 C. 信号电路 D. 控制电路

75. 在感性负载的两端并联适当的电容器,是为了_____。

  A. 减小电流   B. 减小电压

  C. 增大电压   D. 提高功率因数

76. 提高设备的_____,可以节约用电。

  A. 电流   B. 电压   C. 功率   D. 功率因数

77. 一台电动机需要制动迅速和制动力大时,应采用_____方式。

  A. 机械制动   B. 能耗制动 C. 反接制动 D. 电容制动

78. _____在制动时需要提供直流电源。

  A. 反接制动   B. 能耗制动 C. 电容制动 D. 发电制动

79. 在反接制动电路中,如果速度继电器常开触点无法闭合,则_____。

  A. 电动机无法正常启动   B. 电动机只能惯性停车

  C. 电动机只能低速运行   D. 电动机无法停止

80. M7130 型平面磨床的电磁吸盘可以吸持_____零件。

  A. 45 号钢   B. 铝型材料 C. 黄铜   D. 304 不锈钢

81. M7130 型平面磨床控制电路中的欠电流继电器作用是_____。

  A. 防止电磁吸盘吸力过小 B. 防止电磁吸盘吸力过大

  C. 用于工件退磁   D. 用于磨头制动

82. M7130 型平面磨床的加工过程中的自动进给运动是靠_____实现的。

  A. 进给电动机   B. 液压系统 C. 电磁离合器 D. 手动

83. M7130 型平面磨床如果无法消磁,排除 SA1 转换开关的故障后,应该首先检查_____是否正常。

  A. 整流电路 VD   B. 欠电流继电器 KA

  C. 限流电阻 R2   D. 控制变压器 T2

84. 磨床磨削的主运动是_____。

A. 砂轮的旋转运动   B. 砂轮的进给运动

C. 工件的旋转运动   D. 工作台的进给运动

85. C6150 型车床控制电路中 YB 的作用是_____。

    A. 主轴正转   B. 主轴反转   C. 主轴制动   D. 主轴点动

86. C6150 型车床的主轴正反转是通过_____实现的。

    A. 电动机正反转   B. 机械换向

    C. 液压换向   D. 电磁离合器换向

87. C6150 型车床的主轴点动是通过_____操作的。

    A. SB4 按钮   B. 进给箱操作手柄

    C. 进给手轮   D. 溜板箱操作手柄

88. C6150 型车床的主轴电动机不安装热继电器的主要原因是_____。

    A. 节省制造成本   B. 主轴电动机属于周期工作制

    C. 由断路器 QF1 提供过载保护   D. 主轴电动机属于短时工作制

89. C6150 型车床加工螺纹时，溜板箱由_____提供动力。

    A. 手动摇动   B. 主轴箱   C. 快速电机动   D. 电磁离合器

90. C6150 型车床的主轴制动采用_____。

    A. 能耗制动   B. 反接制动

    C. 电容制动   D. 电磁离合器制动

91. Z3040 型摇臂钻床的主轴正反转是通过_____实现的。

    A. 电动机正反转   B. 机械换向

    C. 液压换向   D. 电磁离合器换向

92. Z3040 型摇臂钻床的摇臂在升降前要先_____。

    A. 松开液压机构   B. 夹紧液压机构

    C. 延时等待   D. 发出光电信号

93. Z3040 型摇臂钻床的控制电路中的时间继电器作用是_____。

    A. 延时松开   B. 延时夹紧   C. 延时上升   D. 延时下降

94. Z3040 型摇臂钻床的主轴松紧和摇臂松紧的顺序关系是_____。

    A. 同时松紧   B. 主轴先松   C. 摇臂先松   D. 无法确定

95. Z3040 型摇臂钻床的摇臂升降限位都依靠行程开关 SQ1，SQ1 内部有_____常闭触点。

    A. 一对   B. 两对   C. 三对   D. 四对

96. Z3040 型摇臂钻床的摇臂升降松紧是_____完成的。

A. 手动   B. 半自动   C. 自动   D. 程序

97. 检修后的机床电气装置，其操纵、复位机构必须_____。

A. 无卡阻现象   B. 灵活可靠   C. 接触良好   D. 外观整洁

98. 在_____情况下不允许带电检修。

A. 检修人员独自检修   B. 穿绝缘鞋

C. 使用数字万用表   D. 查阅设备电气原理图

99. 电气控制原理图上所有电路元件的图形符号均按_____的状态绘制。

A. 电器已接通电源或没有受外力作用   B. 电器未接通电源或受外力作用

C. 电器已接通电源或受外力作用   D. 电器未接通电源或没有受外力作用

100. 机床的电气连接时，元器件上端子的接线用剥线钳剪切出适当长度，剥出接线头，除锈，然后镀锡，_____，接到接线端子上用螺钉拧紧即可。

A. 套上号码套管   B. 测量长度

C. 整理线头   D. 清理线头

参考答案及说明

一、判断题

1. √

2. ×。低压断路器不可以用于频繁启动电动机的场合。

3. ×。低压断路器热脱扣器的整定电流应等于所控制负载的额定电流。

4. ×。低压断路器既能切断正常电流，也可以切断短路电流。

5. ×。熔断器在电路中主要起到短路保护作用。

6. ×。熔断器的额定电流必须大于熔体的额定电流。

7. ×。熔断器的熔断时间与电流的平方成反比。

8. ×。熔管的主要作用是保护熔体和灭弧。

9. √

10. √

11. ×。自复式熔断器的熔体可以反复使用。

12. ×。安装熔丝时，一定要沿顺时针方向弯过来，压在垫圈下。

13. √

14. ×。直流接触器中无须安装短路环。

15. √

16. √

17. √

18. √

19. ×。交流接触器的控制电压可以是交流电源，也可以是直流电源。

20. ×。交流接触器的额定电压包括主触点额定电压和控制线圈额定电压。

21. √

22. ×。除了热继电器的热元件要串接在主电路中，热继电器的辅助常闭触点也需要串接到控制回路中才能起到过载保护作用。

23. √

24. ×。当热继电器动作不准确时，必须重新校准。

25. ×。热继电器主要用于过载保护，不可用于短路保护。

26. √

27. ×。负荷电流在 5 A 以下时，中间继电器可以作为接触器使用。

28. √

29. √

30. √

31. ×。中间继电器没有主触点。

32. √

33. √

34. ×。复合触点动作的顺序是先断开常闭触点，后闭合常开触点。

35. √

36. √

37. √

38. ×。一部分额定电压较高的指示灯内部都有小型变压器。

39. ×。表示设备正在运行，注意危险，应该用红色指示灯。

40. √

41. ×。指示灯不属于主令电器。

42. ×。按钮颜色含意与指示灯颜色含意不完全一样。

43. ×。行程开关也属于主令电器。

44. √

45. ×。自复位行程开关能自主复位。

46. √

47.　√

48.　×。控制变压器的容量是指二次侧的最大输出功率。

49.　×。有抽头的控制变压器一次侧可以输入两种不同的电压。

50.　√

51.　√

52.　×。计数器的计数端可以输入开关量，也可以输入交直流电压。

53.　√

54.　√

55.　√

56.　×。速度继电器主要用于反接制动控制线路中。

57.　×。速度继电器主要用于反接制动控制线路中。

58.　√

59.　×。速度继电器内部结构与直流发电机不一样。

60.　√

61.　√

62.　×。一般情况下，转速低于 100 r/min，速度继电器的触点复位。

63.　√

64.　√

65.　√

66.　×。延时断开的常开触点属于断电型时间继电器。

67.　√

68.　√

69.　√

70.　√

71.　×。三相绕线式异步电动机转子串电阻启动过程中，所串电阻逐级减少。

72.　√

73.　√

74.　√

75.　×。电动机启动时可实现顺序控制，停止时也可实现顺序控制。

76.　√

77.　√

78.　√

79．×。能耗制动需要外接直流电源建立制动磁场。

80．×。能耗制动准确平稳，制动力矩较小。

81．×。能耗制动和反接制动时一般都需要限流电阻。

82．√

83．√

84．×。自耦变压器只能用于三相笼型电动机的启动，不可以进行调速。

85．×。采用丫–△降压启动，在降低启动电流时也减小了启动转矩。

86．×。丫–△降压启动只适用于正常时△联结的笼型电动机。

87．√

88．√

89．×。M7130型平面磨床的电磁吸盘只可以吸持加工铁磁材料零件。

90．×。M7130型平面磨床的电磁吸盘需要单独提供直流电源。

91．√

92．√

93．×。C6150型车床主轴的转向与主轴电动机的转向无关。

94．×。C6150型车床中电磁离合器YC1、YC2主要是控制主轴正反转。

95．√

96．×。C6150型车床电磁离合器中通入的是直流电。

97．√

98．×。Z3040型摇臂钻床的主轴的正反转是通过机械换向实现的。

99．×。为防止Z3040型摇臂钻床的液压泵电动机过载，虽然是短时工作，也需要安装热继电器。

100．√

二、单项选择题

1．B　2．C　3．C　4．B　5．A　6．C　7．D　8．B　9．B

10．D　11．C　12．C　13．B　14．C　15．C　16．B　17．A　18．B

19．A　20．A　21．A　22．A　23．B　24．A　25．B　26．C　27．D

28．C　29．A　30．C　31．C　32．B　33．C　34．A　35．B　36．C

37．B　38．D　39．B　40．C　41．B　42．B　43．C　44．B　45．A

46．D　47．B　48．C　49．B　50．C　51．C　52．D　53．B　54．D

55．C　56．C　57．B　58．A　59．B　60．C　61．B　62．B　63．D

64．D　65．C　66．D　67．B　68．D　69．B　70．B　71．C　72．C

73. B　74. D　75. D　76. D　77. C　78. B　79. B　80. A　81. A

82. B　83. C　84. A　85. C　86. D　87. A　88. C　89. B　90. D

91. B　92. A　93. B　94. A　95. B　96. C　97. B　98. A　99. D

100. A

第二章　自动控制电路装调维修

考 核 要 点

考核范围	考核要点	重要程度
光电开关、接近开关、磁性开关装调	光电开关、接近开关、磁性开关的类别、外形、结构和原理	了解
	光电开关、接近开关、磁性开关的引线、安装和调试方法	掌握
光电编码器的装调	增量式光电编码器的类别、外形、结构和原理	了解
	增量式光电编码器的引线、安装和调试方法	掌握
可编程序控制器的接线	可编程序控制器及其输入、输出接口的结构	了解
	可编程序控制器的工作原理	掌握
	可编程序控制器的抗干扰能力与措施	了解
	可编程序控制器接线方法	掌握
可编程序控制器程序的编辑、读取与下载	便携式编程器与可编程序控制器的连接方式	了解
	便携式编程器的基本使用方法	掌握
	便携式编程器读取与下载程序的方法	掌握
	编程计算机与可编程序控制器的连接方式	了解
	编程软件的基本使用方法	了解
	编程软件输入程序、修改程序、删除程序的方法	掌握
	编程软件上传程序和下载程序的方法	掌握
	可编程序控制器的基本指令及其功能	掌握
	可编程序控制器基本程序的编写、编辑方法	掌握
变频器的认识与维护	变频器的结构类别、原理、性能规格	了解
	变频器的安装、接线与调试	掌握
	变频器操作面板的使用与基本操作	掌握
	变频器常见故障分析及其处理方法	了解
软启动器的认识与维护	软启动器的类别、结构原理、性能规格	了解
	软启动器的安装、接线与调试	掌握
	软启动器操作面板的使用与基本操作	掌握
	软启动器常见故障分析及其处理方法	了解

辅导练习题

一、判断题（下列判断正确的请在括号内打"√"，错误的请打"×"）

1. 接近开关和行程开关一样，也是一种位置检测开关。　　　　　　（　　）

2. 电感式接近开关也可以检测非金属材料。　　　　　　　　　　　（　　）

3. 电容式接近开关可以检测绝缘的液体。　　　　　　　　　　　　（　　）

4. 磁式接近开关可以检测非磁金属材料。　　　　　　　　　　　　（　　）

5. 接近开关都是由敏感元件和测量转换电路组成。　　　　　　　　（　　）

6. 接近开关的输出端一般都是晶体三极管。　　　　　　　　　　　（　　）

7. 连接电路时，可以把导线在螺钉上随便绕几圈即可。　　　　　　（　　）

8. 接近开关的引出线都是三根线。　　　　　　　　　　　　　　　（　　）

9. 所有的接近开关都有交流和直流之分。　　　　　　　　　　　　（　　）

10. 接近开关的探测距离比较小　　　　　　　　　　　　　　　　（　　）

11. 接近开关不可以安装在金属零件里面。　　　　　　　　　　　（　　）

12. 光电开关必须成对使用。　　　　　　　　　　　　　　　　　（　　）

13. 光电开关发射的是一定是可见光。　　　　　　　　　　　　　（　　）

14. 光电开关动作模式有"亮动"和"暗动"两种。　　　　　　　（　　）

15. 光电传感器主要是测量角位移的。　　　　　　　　　　　　　（　　）

16. 光电开关只在光线较暗的环境中才能使用。　　　　　　　　　（　　）

17. 有的光电开关只有受光器。　　　　　　　　　　　　　　　　（　　）

18. 对射式光电开关的检测距离只有几厘米到几十厘米。　　　　　（　　）

19. 对射式光电开关的发射器和受光器交叉设置是防止相邻安装相互干扰的有效措施。

　　　　　　　　　　　　　　　　　　　　　　　　　　　　　（　　）

20. 要避免将受光器光轴正对太阳光、白炽灯等强光源。　　　　　（　　）

21. 漫射式光电开关的发射器和接收器安装在同一个装置内。　　　（　　）

22. 光电开关的透镜可用酒精擦拭。　　　　　　　　　　　　　　（　　）

23. 光电开关的引线可以和动力线放在同一个线槽中进行配线。　　（　　）

24. 对射式和反射式光电开关都是三根引线。　　　　　　　　　　（　　）

25. 光纤式光电开关用于检测微小物品。　　　　　　　　　　　　（　　）

26. 单极性霍尔开关需要指定某磁极感应才有效。　　　　　　　　（　　）

27. 干簧管不属于磁性开关。　　　　　　　　　　　　　　　　　（　　）

28. 把一个金属薄片放到垂直磁场中，薄片两端就会产生电位差的特性就是霍尔效应。

（　　）

29. 磁性开关可以安装在金属中，穿透金属进行检测。 （　　）

30. 检测气缸内活塞的位置应该用电感式接近开关。 （　　）

31. 磁性开关可以串联或并联使用。 （　　）

32. 磁控管（干簧管）内部是真空的。 （　　）

33. 磁控管（干簧管）本身具有磁性，所以可以检测导磁材料。 （　　）

34. 两线制磁控管型磁性开关可以交直流通用。 （　　）

35. 在接近开关引线中，一般用棕色表示正极，黑色表示负极。 （　　）

36. 接近开关的电源一般是直流 100 V 电源。 （　　）

37. 旋转编码器只能测量角度。 （　　）

38. 增量型编码器在断电后能记忆当前位置。 （　　）

39. 旋转编码器不仅可以测量转速，还可以判断转向。 （　　）

40. 旋转编码器内部有一个微动电动机带动编码器旋转。 （　　）

41. 增量型编码器内部 A、B 两路脉冲相差 180°。 （　　）

42. 增量型编码器内部码盘上的缝隙数越多则检测角度越小，分辨率越低。 （　　）

43. 增量型编码器是依靠 A、B 两路脉冲的相位差判断方向的。 （　　）

44. 绝对型编码器每一个位置都对应着唯一一组二进制编码。 （　　）

45. 编码器需要通过联轴器与电动机主轴相连接。 （　　）

46. 可编程序控制器是一个硬逻辑控制系统。 （　　）

47. 可编程序控制器的工作方式是循环扫描。 （　　）

48. PLC 程序执行的顺序是从上到下，从右到左。 （　　）

49. 在 PLC 程序执行阶段，输入端状态发生变化时，程序中对应触点的状态不变。

（　　）

50. 在扫描输入阶段，无论输入端点是否被使用，程序都要逐个扫描。 （　　）

51. PLC 中央处理单元的主要功能是运算和存储。 （　　）

52. PLC 的输入端采用光电隔离，抗干扰能力强。 （　　）

53. PLC 的输出方式有继电器、晶体管两种。 （　　）

54. PLC 的工作过程中扫描 I/O、执行程序、刷新 I/O。 （　　）

55. PLC 在每一个扫描周期都要进行通信操作。 （　　）

56. PLC 的存储单元只用于存放用户程序。 （　　）

57. E^2ROM 虽然是只读存取器，但是也可以用电擦除内部信息数据。 （　　）

58. PLC 内部后备电池是防止断电时用户程序丢失。 （　　）

59. ROM 称为随机存储器，断电时数据不能保存。 （　　）

60. 整体式 PLC 没有拓展单元。 （　　）

61. 旋转编码器可以接到 PLC 的任意输入端子上。 （　　）

62. PLC 无法输入输出模拟量。 （　　）

63. PLC 内部的触点数量没有限制。 （　　）

64. PLC 内部自带定时器和计数器。 （　　）

65. 输入继电器的状态可以通过程序改变。 （　　）

66. PLC 程序的输入方式有简易编程器和计算机编程软件两种。 （　　）

67. PLC 的输入信号电源必须是直流 24 V。 （　　）

68. 如果需要高频输出应采用继电器输出模块。 （　　）

69. PLC 在 RUN 模式下也可以下载更新程序。 （　　）

70. 便携式简易编程器只能采用指令表编程。 （　　）

71. PLC 采用继电器输出时，可以控制 380 V 的接触器。 （　　）

72. 松下 FP0 系列 PLC 输入端口中的 COM 作为公共端只能接电源负极。 （　　）

73. 三菱 FX2n 系列 PLC 内部提供的直流 24 V 电源也可以用来驱动负载。 （　　）

74. 用 PLC 改造正反转控制电路时，因为 PLC 程序中已经有联锁，输出接触器不会同时动作，因此外部接触器无需再次联锁。 （　　）

75. 为保护 PLC 的输出模块，外接感性负载时应加过电压保护电路。 （　　）

76. PLC 的编程方法有梯形图、指令表、功能图以及高级编程语言等。 （　　）

77. 梯形图编程简单，是因为它和继电控制电路是完全一样的。 （　　）

78. 为了更加安全，用于停止、保护等功能的输入端应选用常闭触点。 （　　）

79. 断电保持继电器的状态在触点断开时能保持当前状态。 （　　）

80. 一个字继电器通道包括 8 个位继电器。 （　　）

81. 在主程序的结束处应该加上结束指令。 （　　）

82. 输出线圈右侧必须有触点。 （　　）

83. 输出线圈可以和左母线直接相连。 （　　）

84. 输出指令可以直接驱动输入继电器。 （　　）

85. 微分指令只动作一个扫描周期。 （　　）

86. LDI 和 ST 一样，都表示输入一个常闭触点。 （　　）

87. 当外部开关闭合时，程序中对应的常闭触点断开，常开触点闭合。 （　　）

88. 三相异步电动机在额定转速以下进行变频调速时，必须同时调整电压和频率。 （　　）

89. 变频器只能进行调速，无法实现软启软停。 （　　）

90. 变频器停车时一般采用反接制动。 （　　）

91. 斜坡上升时间就是电动机从静止到最高运行频率的时间。 （　　）

92. 变频器的启动转矩大于软启动器。 （　　）

93. 变频器和软启动器都可以实现满载启动。 （　　）

94. 变频器启动后，必须用旁路接触器将其短接，防止谐波污染。 （　　）

95. 软启动器不仅可以实现软启动，还可以实现软停车。 （　　）

96. 软启动器没有制动功能。 （　　）

97. 软启动器特别适用于泵类和风机类负载。 （　　）

98. 软启动器启动后，必须用旁路接触器将其短接，防止谐波污染。 （　　）

99. 软启动器除了不能调速，其他作用、特性和变频器是一样的。 （　　）

100. 应该优先选用内置旁路型软启动器。

二、单项选择题（在下列每题的选项中，只有一个是正确的，请将正确答案的代号填在横线空白处）

1. 接近开关的引线是_____。
   A. 二线　　　　　　　　　　　　B. 三线
   C. 四线　　　　　　　　　　　　D. 以上选项都正确

2. 三线接近开关的输出线颜色是_____。
   A. 棕色　　　　B. 黑色　　　　C. 蓝色　　　　D. 红色

3. 接近开关一般用于检测_____。
   A. 角度　　　　B. 速度　　　　C. 位置　　　　D. 颜色

4. 接近开关比普通行程开关更适合于操作频率_____的场合。
   A. 低　　　　　B. 中等　　　　C. 极低　　　　D. 高

5. 电容式和电感式接近开关内部都有_____、信号处理电路和放大输出电路。
   A. 振荡电路　　B. 发射电路　　C. 接收电路　　D. 保护电路

6. 接近开关的设定距离为额定动作距离的_____。
   A. 60%　　　　B. 80%　　　　C. 100%　　　　D. 120%

7. 只能检测金属的接近开关是_____接近开关。
   A. 电感式　　　B. 电容式　　　C. 光电式　　　D. 磁式

8. 只能检测磁性材料的接近开关是_____接近开关。

    A. 电感式　　　　　B. 电容式　　　　　C. 光电式　　　　　D. 磁式

9. 相邻两个埋入式接近开关的距离 l 与光电开关直径 d 的关系是_____。

    A. $l \leqslant d$　　　　　B. $l \geqslant d$　　　　　C. $l \geqslant 2d$　　　　　D. $l \geqslant 3d$

10. 相邻两个非埋入式接近开关的距离 L 与光电开关直径 d 的关系是_____。

    A. $L \leqslant d$　　　　　B. $L \geqslant d$　　　　　C. $L \geqslant 2d$　　　　　D. $L \geqslant 3d$

11. 对于 NPN 型接近开关与 PLC 相连时，应当_____。

    A. 电源正极接输入端口的公共端　　　　　B. 电源负极接输入端口的公共端

    C. 电源正极接输入端口的输入端　　　　　D. 电源负极接输入端口的输入端

12. 对于提供常开触点的接近开关，_____。

    A. 输出极为 NPN 型的接近开关在物体靠近时输出低电平

    B. 输出极为 NPN 型的接近开关在物体离开时输出低电平

    C. 输出极为 PNP 型的接近开关在物体靠近时输出低电平

    D. 输出极为 PNP 型的接近开关在物体离开时输出高电平

13. 可以用于交流电源的是_____制接近开关。

    A. 二线　　　　　　　　　　　　B. 三线

    C. 四线　　　　　　　　　　　　D. 以上选项都正确

14. 电源正极的颜色英文缩写为_____。

    A. BK　　　　　B. BU　　　　　C. BL　　　　　D. WH

15. 电源负极的颜色英文缩写为_____。

    A. BK　　　　　B. BU　　　　　C. BL　　　　　D. WH

16. 发光器和受光器装在不同装置的是_____光电开关。

    A. 对射式　　　　　B. 反射式　　　　　C. 漫射式　　　　　D. 折射式

17. 大多数光电开关发射的是_____。

    A. 可见光　　　　　B. 红外线　　　　　C. 激光　　　　　D. 紫外线

18. 光电开关的透镜可以用_____擦拭。

    A. 酒精　　　　　B. 自来水　　　　　C. 镜头纸　　　　　D. 棉布

19. 光电开关不可以用于_____检测。

    A. 位置　　　　　B. 液位　　　　　C. 颜色　　　　　D. 高度

20. 对射式光电开关防止相邻干扰最有效的办法是_____。

    A. 发光器和受光器交叉安装　　　　　B. 加装遮光板

    C. 增加发射光的强度　　　　　　　　D. 减小光电开关的灵敏度

21. 当被测物体表面是光滑金属面时，应将光电开关发光器与被测物体安装成_____

夹角。

    A. 5°～10°   B. 10°～20°   C. 30°～60°   D. 60°～90°

22. 漫反射式光电开关的调整方式是_____。

    A. 被测物放到检测位置，调整灵敏度旋钮，从最小逐渐调大，直到开关动作

    B. 被测物不放到检测位置，调整灵敏度旋钮，从最小逐渐调大，直到开关动作

    C. 被测物放到与离开检测位置都调整灵敏度开关使其使开关动作，并记录灵敏度
开关位置，然后灵敏度开关调整到两次动作所对应位置的中间位置

    D. 将灵敏度旋钮调整到旋钮扭动范围的中间位置

23. 检测微小的物体时，应选用_____光电开关。

    A. 对射式   B. 反射式   C. 漫射式   D. 光纤式

24. 检测气缸内活塞的位置应该用_____开关。

    A. 对射式光电   B. 电感式接近   C. 磁性   D. 电容式接近

25. 可用于门窗防盗的是_____开关。

    A. 对射式光电   B. 电感式接近   C. 磁性   D. 电容式接近

26. 可用于室内防盗的是_____开关。

    A. 光电   B. 半导体接近   C. 磁性   D. 行程

27. 磁控管（干簧管）内部充入的是_____。

    A. 空气   B. 二氧化碳   C. 惰性气体   D. 真空

28. 当一块通有_____的金属薄片垂直放入磁场，薄片两端会产生电位差。

    A. 直流电流   B. 交流电流   C. 脉冲电流   D. 没有电流

29. 磁性开关_____。

    A. 可以串联，不可以并联   B. 不可以串联，但可以串联

    C. 可以串联，也可以并联   D. 不可以串联，也不可以并联

30. 磁性开关必须和_____。

    A. 电源直接连接   B. 负载串联使用

    C. 电源并联使用   D. 负载并联使用

31. 结构简单，价格便宜的是_____开关。

    A. 对射式光电   B. 电感式接近   C. 电容式接近   D. 干簧管磁性

32. 光电编码器不能测量的是_____。

    A. 速度   B. 角度   C. 距离   D. 转矩

33. 光电编码器通过判断_____来判定旋转方向。

    A. A、B 两组输出信号的相位差   B. A、Z 两组输出信号的相位差

C. Z、B 两组输出信号的相位差　　　　D. Z 脉冲的极性

34. 增量型编码器断电后其位置信息_____。

    A. 不能记忆，会丢失　　　　　　　　B. 需要后备电池维持记忆

    C. 自动记忆，无须电池　　　　　　　D. 存在 PLC 的存储区中

35. 增量型编码器 Z 信号的作用是_____。

    A. 旋转方向指示　　　　　　　　　　B. 超速报警输出

    C. 零位参考位置　　　　　　　　　　D. 零速输出

36. 增量型编码器 A、B 两组信号的相位差是_____。

    A. 60°　　　　　　B. 90°　　　　　　C. 120°　　　　　　D. 180°

37. 绝对型编码器断电后其位置信息_____。

    A. 不能记忆，会丢失　　　　　　　　B. 需要后备电池维持记忆

    C. 自动记忆，无需电池　　　　　　　D. 存在 PLC 的存储区中

38. 绝对型编码器的输出信号中含有表示_____的二进制编码。

    A. 位置信息　　　B. 速度大小　　　C. 旋转方向　　　D. 参考零位

39. 编码器码盘上的沿圆周的缝隙数越多，表示_____。

    A. 精度越高　　　B. 精度越小　　　C. 速度越快　　　D. 速度越慢

40. 编码器与电动机的轴不能直接连接，一般采用_____连接。

    A. 齿轮　　　　　B. 传动带　　　　C. 柔性联轴器　　D. 链条

41. 编码器的输出形式一般有_____四种。

    A. 集电极开路输出、电压输出、线驱动输出、推挽式输出

    B. 集电极开路输出、电流输出、线驱动输出、推挽式输出

    C. 集电极开路输出、电压输出、电流输出、线驱动输出

    D. 集电极开路输出、电压输出、电流输出、推挽式输出

42. 绝对型编码器每个机械位置对应输出的二进制编码具有_____性。

    A. 固定　　　　　B. 唯一　　　　　C. 随机　　　　　D. 参考

43. 增量型编码器必须和 PLC 的_____连接。

    A. 输入端子　　　　　　　　　　　　B. 输出端子

    C. 模拟量输入端　　　　　　　　　　D. 高速计数输入端

44. _____简称 PLC。

    A. 顺序控制器　　　　　　　　　　　B. 参数控制仪

    C. 微型计算机　　　　　　　　　　　D. 可编程序控制器

45. 各 PLC 厂商都把_____作为第一编程语言。

A. 梯形图   B. 指令表

C. 功能图   D. 高级编程语言

46. 一个字继电器通道包含_____个位继电器。

     A. 4   B. 8   C. 16   D. 32

47. 可以通过编程器修改的是_____。

     A. 系统程序   B. 用户程序   C. 工作程序   D. 任意程序

48. 不能直接和右母线相连的是_____。

     A. 输入继电器   B. 输出继电器

     C. 定时器   D. 计数器

49. 不能用输出指令直接驱动的是_____。

     A. 输入继电器   B. 输出继电器

     C. 通用辅助继电器   D. 特殊辅助继电器

50. 在 PLC 梯形图中，线圈_____。

     A. 必须放最左侧   B. 必须放最右侧

     C. 可以放所需位置   D. 可以放任意位置

51. PLC 的接地端子应_____接地。

     A. 通过水管   B. 串联   C. 独立   D. 任意

52. 可编程序控制器的接地线截面积一般大于_____ mm^2。

     A. 1   B. 1.5   C. 2   D. 2.5

53. PLC 的特点是_____。

     A. 电子元器件，抗干扰能力弱   B. 系统设计、调试时间短

     C. 体积大，能耗高   D. 编程复杂，不易掌握

54. PLC 的工作过程包括_____三个阶段。

     A. 系统自检、通信处理、程序执行   B. 系统自检、I/O 扫描、程序执行

     C. 扫描输入、执行程序、刷新输出   D. 系统自检、执行程序、刷新输出

55. PLC 在 STOP 状态下只进行_____操作。

     A. 系统自检、通信处理   B. 系统自检、I/O 扫描

     C. 扫描输入、执行程序   D. 系统自检、执行程序

56. PLC 在输入扫描阶段_____。

     A. 只扫描使用的输入端   B. 扫描有信号变化的输入端

     C. 不扫描扩展单元输入端   D. 扫描所有的输入端

57. PLC 的抗干扰能力强的一个重要原因是_____。

    A. 输入端和输出端采用光电隔离　　　B. 输入端的电源是直流 24 V

    C. 输入输出端有发光二极管作指示　　D. 采用整体式结构

58. 在程序执行阶段，输入端信号发生变化时_____。

    A. 程序立即响应变化

    B. 程序继续执行，直到下次扫描才响应

    C. 当前未执行的程序立刻响应

    D. PLC 重新启动才能响应

59. 后备电池的作用是_____。

    A. 保证程序能够继续执行　　　　　　B. 保存用户程序不丢失

    C. 保存系统程序不丢失　　　　　　　D. 保证输入输出继电器保持原状

60. PLC 如果需要输出直流高频信号，应选用_____。

    A. 晶闸管输出　　　　　　　　　　　B. 晶体管输出

    C. 继电器输出　　　　　　　　　　　D. 以上选项都正确

61. 继电器输出适用于_____。

    A. 交流高频和交流低频负载　　　　　B. 直流高频和直流低频负载

    C. 交流高频和直流高频负载　　　　　D. 交流低频和直流低频负载

62. PLC 的 "·" 空端子上_____，否则容易损坏 PLC。

    A. 必须接常闭触点　　　　　　　　　B. 必须接地

    C. 必须接电源正极　　　　　　　　　D. 不允许接线

63. PLC 的接地电阻必须小于_____ Ω。

    A. 10　　　　　　B. 100　　　　　　C. 200　　　　　　D. 500

64. 控制正反转电路时，如果程序中已经进行联锁，则外部接线时_____联锁。

    A. 不需要　　　　B. 需要　　　　　　C. 可加可不加　　D. 有时需要

65. PLC 的输出回路电源类型由_____决定。

    A. 负载　　　　　　　　　　　　　　B. PLC 输出端子类型

    C. PLC 输出端子类型和负载　　　　　D. PLC 输出端子类型或负载

66. PLC 的输出回路必须安装_____。

    A. 熔断器　　　　B. 热继电器　　　　C. 按钮　　　　　D. 继电器

67. 为保护 PLC 输出端子，接感性负载时应接_____。

    A. 过电流继电器　　　　　　　　　　B. 阻容保护

    C. 过电压保护电路　　　　　　　　　D. 续流二极管

68. 便携式简易编程器一般多采用_____编程方法。

A. 梯形图　　　　　　　　　　　B. 指令表

C. 功能图　　　　　　　　　　　D. 高级编程语言

69. 利用编程软件编写 PLC 控制程序，在建立新文件时，首先要选择 PLC 的_____。

　　A. I/O 点数　　　　　　　　　B. 品牌

　　C. 型号　　　　　　　　　　　D. 输出端子类型

70. PLC 的工作方式是_____。

　　A. 循环扫描　　B. 单次扫描　　C. 同步扫描　　D. 隔行扫描

71. 关于 PLC 控制和继电器控制的线圈动作顺序，正确的说法是_____。

　　A. PLC 相当于串行，继电器相当于并行

　　B. PLC 和继电器都相当于并行

　　C. PLC 相当于并行，继电器相当于串行

　　D. PLC 和继电器都相当于串行

72. 当利用编程软件向 PLC 下载程序时，PLC _____。

　　A. 必须处在 RUN 状态　　　　B. 必须处在 STOP/PROG 状态

　　C. 可以处在 RUN 状态　　　　D. 可以处在 STOP/PROG 状态

73. 利用编程软件监控 PLC 中继电器的状态时，PLC _____。

　　A. 必须处在 RUN 状态　　　　B. 必须处在 STOP/PROG 状态

　　C. 可以处在 RUN 状态　　　　D. 可以处在 STOP/PROG 状态

74. 各品牌 PLC 的编程软件是_____。

　　A. 各品牌专用的　　　　　　　B. 各品牌通用

　　C. 部分品牌通用　　　　　　　D. 一样的

75. 不共用公共端的输出的负载驱动电源_____。

　　A. 类型须相同，电压等级可不相同　　B. 类型可不相同，电压等级须不同

　　C. 类型和电压等级都可以不相同　　　D. 类型和电压等级都必须相同

76. 共用一个公共端的同一组输出的负载驱动电源_____。

　　A. 类型须相同，电压等级可不相同　　B. 类型可不相同，电压等级须同

　　C. 类型和电压等级都可以不相同　　　D. 类型和电压等级都必须相同

77. 在梯形图中，PLC 的执行顺序是_____。

　　A. 从上到下，从左到右　　　　B. 从上到下，从右到左

　　C. 从下到上，从左到右　　　　D. 从下到上，从右到左

78. PLC 内部提供的直流 24 V 电源_____。

　　A. 只供接近开关和输入元件使用　　B. 可以驱动输出负载使用

C. 可以为 PLC 本身提供电源　　　　D. PLC 失电时可以维持给 PLC 供电

79. OUT 指令可以驱动的是 _____。

　　A. 输入继电器　　　　　　　　　　B. 输出继电器

　　C. 定时器　　　　　　　　　　　　D. 计数器

80. PLC 内部辅助继电器的常开触点数量是 _____。

　　A. 8 个　　　　　B. 16 个　　　　C. 32 个　　　　D. 无限个

81. 用于停止保护的输入触点 _____。

　　A. 必须是常开　　　　　　　　　　B. 必须是常闭

　　C. 最好是常闭　　　　　　　　　　D. 无限制

82. 将常闭触点连接到左母线的指令是_____。

　　A. LD　　　　　　B. LDI　　　　　C. ANI　　　　　D. ORI

83. 在 PLC 的主程序后面必须有_____指令。

　　A. NOP　　　　　B. END　　　　　C. RST　　　　　D. MPP

84. _____指令必须成对使用。

　　A. LD、END　　　B. ANB、ORB　　C. SET、RST　　D. PLS、PLF

85. 具有保持功能的指令是_____。

　　A. LD　　　　　　B. OUT　　　　　C. SET　　　　　D. MPS

86. 条件分支指令是_____。

　　A. MC、MCR　　　B. SET、RST　　C. MPS、MPP　　D. PLS、PLF

87. PLS、PLF 指令的功能是_____。

　　A. 使指定的继电器动作一个扫描周期

　　B. 使指定的继电器动作并保持

　　C. 使指定的继电器复位并保持

　　D. 使指定的继电器在系统启动时动作一个扫描周期

88. 在编写 PLC 程序之前要先进行_____分配。

　　A. I/O　　　　　　　　　　　　　　B. 定时器

　　C. 计数器　　　　　　　　　　　　D. 用户存储区

89. 变频调速中的变频器是_____之间的接口。

　　A. 市电电源　　　　　　　　　　　B. 交流电动机

　　C. 市电电源与交流电动机　　　　　D. 市电电源与交流电源

90. 对电动机从基本频率向上的变频调速属于_____调速。

　　A. 恒功率　　　　B. 恒转矩　　　　C. 恒磁通　　　　D. 恒转差率

91. 变频器种类很多，其中按滤波方式可分为电压型和_____型。

  A. 电流   B. 电阻   C. 电感   D. 电容

92. 变频器在实现恒转矩调速时，调频的同时_____。

  A. 不必调整电压   B. 不必调整电流

  C. 必须调整电压   D. 必须调整电流

93. 三相异步电动机的转速除了与电源频率、转差率有关，还与_____有关系。

  A. 磁极数   B. 磁极对数   C. 磁感应强度   D. 磁场强度

94. _____是变频器对电动机进行恒功率控制和恒转矩控制的分界线，应按电动机的额定频率设定。

  A. 基本频率   B. 最高频率   C. 最低频率   D. 上限频率

95. 下列_____方式不适用于变频调速系统。

  A. 直流制动   B. 回馈制动   C. 反接制动   D. 能耗制动

96. 变频器与软启动器最大的区别在于_____。

  A. 变频器具备调速功能   B. 变频器可以软停车防止水锤效应

  C. 变频器内部有微处理器   D. 变频器可以调节启动和停车时间

97. 软启动器的主电路采用_____交流调压器，用连续地改变输出电压来保证恒流启动。

  A. 晶闸管变频控制   B. 晶闸管 PWM 控制

  C. 晶闸管相位控制   D. 晶闸管周波控制

98. 软启动器的突跳转矩控制方式主要用于_____。

  A. 轻载启动   B. 重载启动   C. 风机启动   D. 离心泵启动

99. 软启动的优势是_____。

  A. 可以满载启动   B. 可以进行调速

  C. 可以自动换向   D. 可以减少水锤效应

100. 软启动器旁路接触器必须与软启动器的输入和输出端一一对应正确，_____。

  A. 要就近安装接线   B. 允许变换相序

  C. 不允许变换相序   D. 要做好标识

参考答案及说明

一、判断题

1. √

2. ×。电感式接近开关只能检测导电体，只能是金属材料。

3.　√

4.　×。磁式接近开关可以检测磁性材料。

5.　×。接近开关都是由敏感元件、测量转换和放大输出电路组成。

6.　√

7.　×。连接电路时，导线应用专用连接件连接或顺时针绕在螺钉上。

8.　×。接近开关的引出线有二根线、三根线及四根线等。

9.　×。只有两线制的接近开关分交流和直流。

10.　√

11.　×。埋入式接近开关可以安装在金属零件里面。

12.　×。只有对射式光电开关需要成对使用，反射式和漫射式不需要成对使用。

13.　×。大多数光电开关发射的是红外线。

14.　√

15.　√

16.　×。光电开关在光线较亮的环境中也能使用。

17.　×。所有的光电开关都有发射器和受光器。

18.　×。对射式光电开关的检测距离从几米到几十米。

19.　√

20.　√

21.　√

22.　×。光电开关的透镜不可以用酒精等稀释溶剂擦拭。

23.　×。光电开关的引线和动力线放在同一个线槽中会受到干扰影响。

24.　×。对射式光电开关的发射器两根引线，受光器三根引线。

25.　√

26.　√

27.　×。干簧管也属于磁性开关。

28.　×。必须是通电的金属薄片。

29.　√

30.　×。检测气缸内活塞的位置应该用磁性开关。

31.　√

32.　×。磁控管内部是充有惰性气体。

33.　×。磁控管本身没有磁性，只能检测磁性材料。

34.　√

35. ×。在接近开关引线中，一般用棕色表示正极，蓝色表示负极。

36. ×。在接近开关的电源一般是直流 12～24 V 电源。

37. ×。旋转编码器用来测量转速和角位移。

38. ×。绝对型编码器在断电后可记忆当前位置。

39. √

40. ×。旋转编码器和负载电动机同轴联动，带动编码器旋转。

41. ×。增量型编码器内部 A、B 两路脉冲相差 90°。

42. ×。增量型编码器内部码盘上的缝隙数越多则检测角度越小，分辨率越高。

43. √

44. √

45. √

46. ×。可编程序控制器是一个软逻辑控制系统。

47. √

48. ×。PLC 程序执行的顺序是从上到下，从左到右。

49. √

50. √

51. ×。PLC 中央处理单元的主要功能是运算和控制。

52. √

53. ×。PLC 的输出方式有继电器、晶体管和晶闸管三种。

54. ×。PLC 的工作过程中是扫描输入、执行程序、刷新输出。

55. √

56. ×。PLC 的存储单元分为系统程序存储区和用户程序存储区。

57. √

58. √

59. √

60. ×。整体式 PLC 也有拓展单元。

61. ×。旋转编码器只能接到 PLC 的高速计数输入端子上。

62. ×。PLC 通过模拟量单元可以输入输出模拟量。

63. √

64. √

65. ×。输出继电器的状态可以通过程序改变。

66. √

67. × 。PLC 的输入信号电源一般有直流 24 V 和交流 100 V 两种。

68. × 。晶体管输出模块才能实现高频输出。

69. × 。PLC 在 STOP 模式下才能下载更新程序。

70. √

71. × 。PLC 采用继电器输出时，一般只能控制 220 V 的接触器。

72. × 。一般情况下可正可负，外接接近开关时依据接近开关的输出类型确定。

73. × 。PLC 内部提供的直流 24 V 电源只能作输入元件的电源。

74. × 。PLC 外部接触器必须联锁，防止触点熔焊造成短路事故。

75. √

76. √

77. × 。梯形图编程简单，是因为它和继电控制电路很相似，便于理解。

78. √

79. × 。断电保持继电器的状态在系统断电时能保持当前状态。

80. × 。一个字继电器通道包括 16 个位继电器。

81. √

82. × 。输出线圈右侧必须与右母线直接相连。

83. × 。输出线圈必须通过触点和左母线相连。

84. × 。输入继电器只能由外部开关驱动，无法在程序中驱动。

85. √

86. √

87. √

88. √

89. × 。变频器不仅能进行调速，还可以实现实现软启软停。

90. × 。变频器停车时，一般多采用能耗制动。

91. √

92. √

93. × 。软启动器无法实现满载启动。

94. × 。变频器主要用于调速，启动后不能用旁路接触器短接。

95. √

96. × 。软启动器可以自由停车、软停车，有些软启动器还能进行直流制动。

97. √

98. √

99. ×。软启动器的软启软停只变压，不变频，而变频器在启动和停止过程中，不仅变压还变频，特性不一致。

100. √

二、单项选择题

1. D   2. B   3. C   4. D   5. A   6. B   7. A   8. D   9. B

10. C   11. A   12. A   13. A   14. B   15. C   16. A   17. B   18. C

19. C   20. A   21. B   22. C   23. D   24. C   25. C   26. A   27. C

28. A   29. C   30. B   31. D   32. D   33. A   34. A   35. C   36. B

37. C   38. A   39. A   40. C   41. A   42. B   43. D   44. D   45. A

46. C   47. A   48. A   49. A   50. B   51. C   52. C   53. B   54. A

55. A   56. D   57. A   58. B   59. B   60. B   61. D   62. C   63. B

64. B   65. C   66. A   67. C   68. B   69. C   70. A   71. A   72. B

73. A   74. A   75. C   76. D   77. A   78. A   79. B   80. D   81. C

82. B   83. B   84. C   85. C   86. A   87. A   88. A   89. C   90. A

91. A   92. C   93. B   94. A   95. C   96. A   97. C   98. B   99. D

100. C

第三章　基本电子电路装调维修

考 核 要 点

考核范围	考核要点	重要程度
直流电桥的使用	直流单臂电桥和直流双臂电桥的结构、原理	了解
	直流单臂电桥和直流双臂电桥的使用方法	掌握
信号发生器的使用	信号发生器的类别、结构、原理	了解
	信号发生器的使用方法	掌握
示波器的使用	双踪示波器的类别、结构、原理	了解
	双踪示波器的使用方法	掌握
集成稳压电路和晶闸管的选用	集成稳压电路、晶闸管、单结晶体管外形、型号、性能	了解
	集成稳压电路、晶闸管的参数与选用	掌握
	二极管、三极管、晶闸管、单结晶体管的测试方法	掌握
三端稳压电路的装调维修	三端稳压电路连接方式、原理分析及应用	了解
	三端稳压电路的安装、连接、调试	掌握
	三端稳压电路中各点波形的测量与测绘	掌握
	三端稳压电路常见故障分析及处理方法	了解
RC 阻容放大电路的装调维修	RC 阻容放大电路连接方式、原理分析及应用	了解
	RC 阻容放大电路的安装、连接、调试	掌握
	RC 阻容放大电路中各点波形的测量与测绘	掌握
	RC 阻容放大电路常见故障分析及处理方法	了解
单相晶闸管整流电路装调维修	单相晶闸管整流电路连接方式、原理分析及应用	了解
	单相晶闸管整流电路的安装、连接、调试	掌握
	单相晶闸管整流电路中各点波形的测量与测绘	掌握
	单相晶闸管整流电路常见故障分析及处理方法	了解
	单结晶体管触发电路的组成与原理分析	掌握

辅导练习题

一、判断题（下列判断正确的请在括号内打"√"，错误的请打"×"）

1. 精密测量一般都是用比较仪器。 （   ）

2. 直流电桥是根据桥式电路的平衡原理，将被测电阻与已知标准电阻进行比较来测量电阻值。 （   ）

3. 直流单臂电桥可以测量 1 Ω 以下的电阻。 （   ）

4. 直流单臂电桥的比较臂最高位（×1 000）可以为零。 （   ）

5. 直流单臂电桥的比较臂最低位（×1）可以为零。 （   ）

6. 搬运直流电桥时，应将内接检流计短路，防止损坏检流计。 （   ）

7. 直流单臂电桥也称为凯文电桥。 （   ）

8. 直流单臂电桥在选择比例臂时，应保证测量结果有四位有效数字。 （   ）

9. 使用直流单臂电桥时，被测电阻必须要有四个接头才行。 （   ）

10. 直流单臂电桥使用内接检流计时，应将内接旋钮短接。 （   ）

11. 直流双臂电桥中，四个桥臂的可调电阻是单独进行调整的。 （   ）

12. 直流双臂电桥也称为惠斯顿电桥。 （   ）

13. 使用双臂电桥也可以测量控制变压器一次侧绕组的阻值。 （   ）

14. 双臂电桥刻度盘读数时一般应保留到小数点后 3 位。 （   ）

15. 使用电桥测量电阻时，事先应先估测被测电阻值的大小。 （   ）

16. 使用直流电桥测量时，应先接通检流计，然后才能接通电源。 （   ）

17. 直流电桥使用完毕后，应先断开电源按钮，再断开检流计按钮。 （   ）

18. 由于仪表自身的问题而形成的测量误差属于系统误差。 （   ）

19. 电桥精度只与检流计有关，与其他因素无关。 （   ）

20. 直流电桥在使用前先要对检流计进行调零。 （   ）

21. 电桥平衡时，被测电阻阻值等于电桥比较臂数值除以比例臂数值。 （   ）

22. 四端电阻的电位端在电流端的外侧。 （   ）

23. 测量电感线圈的电感量，应选用交流电桥。 （   ）

24. 测量 1 Ω 以下的电阻必须使用双臂电桥。 （   ）

25. 当检流计偏向"＋"时，应减小比较臂数值。 （   ）

26. 被测电阻较大时，必须使用外接电源，以保证测量精度。 （   ）

27. 提高电桥的电源电压可以提高灵敏度，因此电源电压越高越好。 （   ）

28. 交流电桥也称万能电桥，可以测量交流电阻、电感、电容、电流、电压等参数。

　　　　　　　　　　　　　　　　　　　　　　　　　　　　　　　　　（　　　）

29. 交流电桥的平衡调整方式和直流电桥一样简单方便。　　　　　　（　　　）

30. 信号发生器可以产生任意形状的波形。　　　　　　　　　　　　（　　　）

31. 信号发生器可以产生任意频率的波形。　　　　　　　　　　　　（　　　）

32. 示波器主要用来测量信号的大小和频率。　　　　　　　　　　　（　　　）

33. 双踪示波器可以同时显示两个信号的波形。　　　　　　　　　　（　　　）

34. 示波器工作中因某种原因将电源切断后，可立即再次启动仪器。　（　　　）

35. 测量脉冲信号最好的仪器是示波器。　　　　　　　　　　　　　（　　　）

36. 示波器的探针负极均和仪器金属外壳相连。　　　　　　　　　　（　　　）

37. 示波器的输入开关测量直流信号时必须使用 DC 档，测量交流信号时必须使用 AC 档。

　　　　　　　　　　　　　　　　　　　　　　　　　　　　　　　　　（　　　）

38. 示波器的图形比较模糊时，应调节辉度旋钮。　　　　　　　　　（　　　）

39. 双踪示波器可以用来测量电流、电压和电阻。　　　　　　　　　（　　　）

40. 使用示波器时，被测信号应该接入"Y 轴输入"端钮。　　　　　（　　　）

41. 同步示波器可用来观测短脉冲或非周期性的信号波形。　　　　　（　　　）

42. 示波器面板上垂直偏转因数 V/div 中电压"V"是指电压的有效值。（　　　）

43. 用示波器测量既有交流又有直流的混合电压时，应将输入开关置于"DC"位置。

　　　　　　　　　　　　　　　　　　　　　　　　　　　　　　　　　（　　　）

44. 扫描速度越高，示波器观察缓慢变化信号的能力越强。　　　　　（　　　）

45. 示波器的聚焦方式宜采用扫描线聚焦，不要用亮点聚焦，以避免光点长时间停留而损坏荧光屏。　　　　　　　　　　　　　　　　　　　　　　　　　　　（　　　）

46. 示波器的交替显示指被测信号被分裂为许多光点，然后把两个信号的光点轮流地显示在屏幕上。　　　　　　　　　　　　　　　　　　　　　　　　　　　（　　　）

47. 示波器交替显示适用于两个高频信号。　　　　　　　　　　　　（　　　）

48. 在用示波器测量波形时，只有当扫描周期是被测信号周期的整数倍时，输出波形才能稳定。　　　　　　　　　　　　　　　　　　　　　　　　　　　　　（　　　）

49. 信号发生器需要预热后，才能输出稳定的频率。　　　　　　　　（　　　）

50. 信号发生器一般不能带负载，只提供电压信号。　　　　　　　　（　　　）

51. 信号发生器内部有保护电路，输出端可以直接接地。　　　　　　（　　　）

52. 函数信号发生器产生的信号波形，不仅频率可调，幅值也可以调整。（　　　）

53. 函数信号发生器不仅可以产生正弦波，还能产生三角波。　　　　（　　　）

54. 晶体二极管可以完全等效为一个机械开关，性能还好。　　　　　　（　　）

55. 晶体三极管作开关应用时，工作在饱和状态和截止状态。　　　　　（　　）

56. 串联式稳压电路中，调整三极管工作在开关状态。　　　　　　　　（　　）

57. 三端集成稳压电路中，W7900 系列输出正电压。　　　　　　　　（　　）

58. 三端集成稳压电路一共有电源、输入、输出和接地四个管脚。　　　（　　）

59. W7800 系列与 W7900 系列的管脚是一样的。　　　　　　　　　（　　）

60. W7800 系列与 W7900 系列输出电压不可调整。　　　　　　　　（　　）

61. 三端集成稳压电路的输入端和输出端电压可以一致。　　　　　　　（　　）

62. W117 系列与 W317 系列输出电压调整范围是 2 ~ 100 V。　　　　（　　）

63. W7800 系列与 W7900 系列可通过电路扩大输出电压。　　　　　（　　）

64. W7800 系列与 W7900 系列可通过电路扩大输出电流。　　　　　（　　）

65. 三端集成稳压电路是小功率元器件，没有金属封装的。　　　　　　（　　）

66. 三端集成稳压电路输入输出端需要并联滤波电容。　　　　　　　　（　　）

67. 二极管的正反向电阻都很小时，则说明二极管失去单向导电性。　　（　　）

68. 共发射极接法的基本交流放大电路也称射极跟随器。　　　　　　　（　　）

69. 基本放大电路通常采用双电源供电。　　　　　　　　　　　　　　（　　）

70. 基本放大电路中，集电极电阻 R_c 的主要作用是向三极管提供集电极电流。（　　）

71. 三极管放大的实质是把低电压放大成高电压。　　　　　　　　　　（　　）

72. 三极管的 β 值与 I_c 的大小有关，I_c 越大，β 值越大。　　　（　　）

73. 用万用表测试三极管其中一个管脚对另外两个管脚的电阻值，如果电阻值较小且相近，这个管脚即为基极。　　　　　　　　　　　　　　　　　　（　　）

74. 直流放大器主要放大直流信号，但也能放大交流信号。　　　　　　（　　）

75. 处于放大状态下的三极管的发射极电流是基极电流的 $1 + \beta$ 倍。　（　　）

76. 设置放大器静态工作点是防止输出信号产生饱和失真或截止失真。　（　　）

77. 静态工作点偏低时，容易出现饱和失真。　　　　　　　　　　　　（　　）

78. 当固定偏置放大器的工作点偏低时，可采用增大基极电阻值的方法来解决。　　　　　　　　　　　　　　　　　　　　　　　　　　　　　（　　）

79. 负载电阻越小，放大器电压放大倍数越低。　　　　　　　　　　　（　　）

80. 采用分压式偏置放大电路能起到稳定静态工作点的作用。　　　　　（　　）

81. 阻容耦合放大电路中，耦合电容的作用就是用来传输信号。　　　　（　　）

82. 多级放大电路的总电压放大倍数是每一级放大器电压放大倍数的乘积。（　　）

83. 分压式偏置放大电路中，三极管发射极电容 C_E 是用来防止对交流信号产生反馈。

                          （ ）

84. 负反馈可以使放大电路的放大倍数得到提高。   （ ）

85. 放大电路微变等效的条件是三极管在小信号情况下工作。   （ ）

86. 微变等效电路中，电容和直流电源都视为短路。   （ ）

87. 晶闸管是四层结构，四个 PN 结。   （ ）

88. 晶闸管的导通条件是阳极与阴极间加正向电压，门极与阴极间加正向触发电压。

                          （ ）

89. 晶闸管的关断条件是阳极电流等于维持电流。   （ ）

90. 晶闸管导通后，门极失去控制作用。   （ ）

91. 即使门极不加控制电压，通过提高阳极电压也能使晶闸管硬开通。 （ ）

92. 单结晶体管也有基极、发射极、集电极。   （ ）

93. 好的晶闸管控制极与阳极间的正反向电阻都很小。   （ ）

94. 单结晶体管的分压比由外接电源决定。   （ ）

95. 单结晶体管发射极电压高于峰点电压时导通，低于谷点电压时截止。（ ）

96. 单相半控桥式整流电路带电感性负载时，必须加续流二极管。 （ ）

97. 晶闸管可控整流电路中，控制角越大输出电压越高。   （ ）

98. 单相桥式全控和半控整流电路中，续流二极管的作用是一样的。 （ ）

99. 单相全控桥式整流电路带大电感负载时的移相范围是 $0° \sim 120°$。 （ ）

100. 单相桥式整流电路中，晶闸管承受的最大反向电压是降压变压器二次侧交流电压的峰–峰值。

                          （ ）

二、单项选择题（在下列每题的选项中，只有一个是正确的，请将正确答案的代号填在横线空白处）

1. 用直流单臂电桥测量电阻，属于_____测量。

  A. 直接   B. 间接   C. 比较   D. 快速

2. 仪表的准确度等级的表示，是仪表在正常条件下的_____的百分数。

  A. 系统误差   B. 最大误差   C. 偶然误差   D. 疏失误差

3. 电工指示仪表的准确等级通常分为七级，它们分别为 0.1 级、0.2 级、0.5 级、1.0 级、_____、2.5 级、_____等。

  A. 2.0 级、3.0 级   B. 1.5 级、3.5 级

  C. 2.0 级、4.0 级   D. 1.5 级、5.0 级

4. 测量 $1\ \Omega$ 以下的电阻，应选用_____。

A. 单臂电桥　　　　　B. 双臂电桥　　　　　C. 万用表　　　　　D. 毫伏表和电流表

5. 工厂进行电气测量时，应用较多的是_____。

A. 指示仪表　　　　B. 万用表　　　　C. 兆欧表　　　　D. 电桥

6. 用直流单臂电桥测量电阻，应按照_____操作。

A. 先按下电源按钮 B，再按下检流计按钮 G

B. 先按下检流计按钮 G，再按下电源按钮 B

C. 同时按下检流计按钮 G 和电源按钮 B

D. 没有顺序要求

7. 当电桥使用外接检流计时，外接检流计的精度_____。

A. 越高越好　　　　　　　　　　　B. 越低越好

C. 适中　　　　　　　　　　　　　D. 不能超过自带检流计精度

8. 使用双臂电桥时，一般使用_____电阻。

A. 二线　　　　B. 四线　　　　C. 六线　　　　D. 八线

9. 搬运直流单臂电桥时，应将_____短接。

A. 内接端钮　　　B. 外接端钮　　　C. 外接电源端钮　　D. 被测电阻端钮

10. 用电桥测量电阻前，应先_____。

A. 对被测电阻进行估测　　　　　B. 把被测电阻接到 Rx 端钮上

C. 分出电阻的电位端和电流端　　D. 选择较粗的连接导线

11. 直流单臂电桥由_____个标准电阻组成比例臂和比较臂。

A. 1　　　　B. 2　　　　C. 3　　　　D. 4

12. 用直流电桥测量电阻时，被测电阻的数值等于比较臂阻值与比例臂值的_____。

A. 积　　　　B. 商　　　　C. 和　　　　D. 差

13. 直流双臂电桥采用两对端钮，是为了_____。

A. 保证桥臂电阻比值相等　　　B. 消除接线电阻和接触电阻的影响

C. 采用机械联动调节　　　　　D. 以上选项都不正确

14. 用直流双臂电桥测量小电阻，其被测量电阻值与_____无关。

A. 标准电阻　　　B. 桥臂电阻　　　C. 接线电阻　　　D. 以上三个量

15. 直流单臂电桥选择比较臂时，应使_____阻值不为零。

A. $R \times 1$　　　B. $R \times 10$　　　C. $R \times 100$　　　D. $R \times 1\,000$

16. 直流电桥在使用前时，需要进行_____。

A. 机械调零　　　B. 欧姆调零　　　C. 标尺调零　　　D. 电子调零

17. 当直流电桥检流计偏向标尺"＋"时，应_____。

    A. 增大比例臂阻值　　　　　　　　B. 增大比较臂阻值

    C. 减小比例臂阻值　　　　　　　　D. 减小比较臂阻值

18. 用直流单臂电桥测量电阻，应按照_____操作。

    A. 先松开电源按钮 B，再松开检流计按钮 G

    B. 先松开检流计按钮 G，再松开电源按钮 B

    C. 同时松开检流计按钮 G 和电源按钮 B

    D. 没有顺序要求

19. 直流电桥的电源按钮在_____锁定。

    A. 任何情况下都不允许　　　　　　B. 电桥基本平衡时可以

    C. 内部电池电量不足时需要　　　　D. 使用外接电源时必须

20. 直流双臂电桥刻度盘读数时需要保留小数点后_____位数字。

    A. 1　　　　　　　B. 2　　　　　　　C. 3　　　　　　　D. 4

21. 直流双臂电桥适用于测量_____的电阻。

    A. 0.1 Ω 以下　　B. 1 Ω 以下　　C. 10 Ω 以下　　D. 100 Ω 以下

22. 单臂电桥适于测量_____的电阻。

    A. 1 Ω 以下　　　B. 1 kΩ ~ 100 kΩ　C. 100 kΩ ~ 1 MΩ　D. 1 MΩ 以上

23. 下列中_____测量适宜选用直流双臂电桥。

    A. 接地电阻　　　　　　　　　　　B. 电刷和换向器的接触电阻

    C. 变压器变比　　　　　　　　　　D. 蓄电瓶内阻

24. 精确测量一个中等大小的电阻，应用_____。

    A. 万用表　　　　B. 兆欧表　　　　C. 单臂电桥　　　　D. 双臂电桥

25. 测量一个 97.08 Ω 的电阻时，比例臂应选用_____。

    A. ×0.01　　　　　B. ×0.1　　　　　C. ×1　　　　　　D. ×10

26. 用万用表欧姆挡测电阻时，指针指示在表盘_____范围，读数较准确。

    A. 左侧　　　　　　B. 中间　　　　　C. 右侧　　　　　D. 任意段

27. 用直流电桥测量电阻时，测量结果的精度和准确度与电桥比例臂的选择_____。

    A. 有关系　　　　　B. 无关系　　　　C. 成正比　　　　D. 成反比

28. 用直流电桥测量电阻时，连接导线应尽量选择_____的铜导线。

    A. 短而粗　　　　　B. 长而粗　　　　C. 长而细　　　　D. 短而细

29. 直流电桥的四个桥臂中，测量时电阻值可以单独调整的是_____。

    A. 比例臂　　　　　B. 比较臂　　　　C. 被测电阻　　　　D. 都可以

30. 万能电桥可以测量_____。

A. 电阻值　　　　B. 电感量　　　　C. 电容量　　　　D. 都可以

31. 下列关于示波器的使用说法中，_____是正确的。

    A. 示波器通电后，即可立即使用

    B. 示波器长期不使用也不会影响其正常工作

    C. 示波器工作中间因某种原因将电源切断后，可立即再次启动仪器

    D. 示波器在使用中，不应经常开闭电源

32. 双踪示波器同时显示两个波形的方式有_____。

    A. 交替和断续　　B. 交替和叠加　　C. 连续和断续　　D. 相交和叠加

33. 示波器面板上标定的垂直偏转因数 V/div 中电压 "V" 是指电压的_____值。

    A. 有效　　　　　B. 平均　　　　　C. 峰 – 峰　　　　D. 瞬时

34. 用双踪示波器观测频率为 20 Hz 的正弦信号，应采用的扫描方式是_____扫描。

    A. 连续　　　　　B. 交替　　　　　C. 触发　　　　　D. 断续

35. 用双踪示波器观测频率为 50 Hz 的两个正弦信号的相位差时，应采用的扫描方式是_____扫描。

    A. 连续　　　　　B. 交替　　　　　C. 触发　　　　　D. 断续

36. 示波器的偏转因数为 5 V/div 时，测正弦交流电的峰 – 峰值读数为 8 div，探头衰减 10∶1，则该正弦交流电的有效值为_____ V。

    A. 20　　　　　　B. 40　　　　　　C. 141　　　　　D. 14

37. 测量_____时，通用示波器的 Y 轴衰减 "微调" 旋钮置于 "校准" 位置。

    A. 周期和频率　　B. 相位差　　　　C. 电压　　　　　D. 时间间隔

38. 双踪示波器中的 "DC —⊥— AC" 是被测信号馈至示波器输入端耦合方式的选择开关，当此开关置于 "⊥" 挡时，表示_____。

    A. 输入端接地　　　　　　　　　　B. 仪表应垂直放置

    C. 输入端能通直流　　　　　　　　D. 输入端能通交流

39. 双踪示波器中的 "DC —⊥— AC" 是被测信号馈至示波器输入端耦合方式的选择开关，当此开关置于 "DC" 挡时，表示_____。

    A. 只能输入直流信号　　　　　　　B. 只能输入交流信号

    C. 可以输入交流和直流信号　　　　D. 不能输入交流信号

40. 函数信号发生器通常可输出的波形有_____。

    A. 正弦波　　　　B. 三角波　　　　C. 方波　　　　　D. 都有

41. 改变光线亮度，应调节示波器的_____旋钮。

    A. 聚焦　　　　　B. 辉度　　　　　C. X 轴位移　　　D. Y 轴位移

42．测量两个同频信号的相位差时，示波器的 X 轴衰减"微调"旋钮应置于_____位置。

    A．校准　　　　　　B．最大　　　　　　C．最小　　　　　　D．中间

43．示波器屏幕水平可用长度为 10 div，扫描时间因数变化范围为 0.05 us/div ~0.1 s/div，为能正常观测信号电压波形，要求屏幕上至少能显示两个完整周期波形，最多不超过五个周期波形，则示波器可正常观测正弦信号电压的最高频率和最低频率分别为_____。

    A．4 MHz 和 5 Hz　　　　　　　　　B．10 MHz 和 2 Hz

    C．10 MHz 和 5 Hz　　　　　　　　　D．4 MHz 和 2 Hz

44．双踪示波器中的电子开关处在"交替"状态时，适合于显示_____的信号波形。

    A．两个频率较低　　　　　　　　　B．两个频率较高

    C．一个频率较低　　　　　　　　　D．一个频率较高

45．如下图所示为双踪示波器测量两个同频率正弦信号的波形，若示波器的水平（X 轴）偏转因数为 10 μs/div，则两信号的频率和相位差分别是_____。

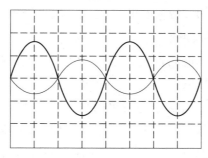

    A．25 kHz；0°　　　　B．25 MHz；0°　　　　C．25 kHz；180°　　　　D．25 MHz；180°

46．用示波器观测到的正弦电压波形如下图所示，示波器探头衰减系数为 10，扫描时间因数为 1 μs/div，X 轴扩展倍率为 5，Y 轴偏转因数为 0.2 V/div，则该电压的幅值与信号频率分别为_____。

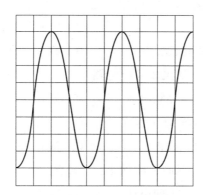

A. 0.8 V 和 1.25 MHz　　　　　　　　B. 8 V 和 1.25 MHz

C. 8 V 和 0.25 MHz　　　　　　　　D. 0.8 V 和 0.25 MHz

47. 改变光线清晰度，应调节示波器的_____旋钮。

  A. 聚焦　　　　B. 辉度　　　　C. X 轴位移　　　　D. Y 轴位移

48. 测量脉冲电压（尖脉冲）的峰值应使用_____。

  A. 交流毫伏　　　　　　　　B. 直流电压表

  C. 示波器　　　　　　　　D. 交流电压表

49. 某双踪示波器的显示方式有五种：①YA；②YB；③YA ± YB；④交替；⑤断续。其中能显示双波形的是_____。

  A. ①②　　　　B. ③　　　　C. ②④　　　　D. ④⑤

50. 为测量两个同频信号的相位差，不能使用_____示波器。

  A. 单踪　　　　B. 双踪　　　　C. 双线　　　　D. 数字

51. 使用示波器观察信号波形时，欲使显示波形稳定，可以调节_____旋钮。

  A. 聚焦　　　　B. 触发电平　　　　C. 辅助聚焦　　　　D. 辉度

52. 信号发生器对输出的波形信号_____。

  A. 只能调整频率，不能调整幅值　　　　B. 不能调整频率，只能调整幅值

  C. 可以调整频率和幅值　　　　D. 不能调整频率和幅值

53. 在低频信号发生器中，主振级通常采用_____。

  A. 电感三点式振荡器　　　　　　　　B. RC 振荡器

  C. 电容三点式振荡器　　　　　　　　D. 晶体振荡器

54. 一台低频信号发生器，无衰减时的输出电压为 70 V，现将其衰减 20 dB（分贝），则输出电压为_____V。

  A. 7　　　　B. 3.5　　　　C. 35　　　　D. 70

55. 为使仪器仪表保持良好的工作状态与精度，调校仪表不应采取_____。

  A. 定期调整校验　　　　　　　　B. 经常作零调整

  C. 只在发生故障时调整校验　　　　D. 修理后调整校验

56. 三端稳压属于_____型集成稳压电路。

  A. 串联　　　　B. 并联　　　　C. 复合　　　　D. 组合

57. 串联型稳压电路中的调整管工作在_____状态。

  A. 放大　　　　B. 截止　　　　C. 饱和　　　　D. 任意

58. 当二极管外加电压时，反向电流很小，且不随_____变化。

  A. 正向电流　　　　B. 正向电压　　　　C. 电压　　　　D. 反向电压

59. 硅稳压二极管与一般二极管不同的是，稳压管工作在_____。

    A. 击穿区　　　　　B. 反向击穿区　　　C. 导通区　　　　　D. 反向导通区

60. 把电动势为 1.5 V 的干电池以正向接法直接接到一个硅二极管的两端，则该二极管

_____。

    A. 电流为零　　　　　　　　　　　B. 电流基本正常

    C. 击穿　　　　　　　　　　　　　D. 被烧坏

61. 要想获得 9 V 的稳定电压，集成稳压器的型号应选用_____。

    A. 7812　　　　　　B. 7809　　　　　　C. 7912　　　　　　D. 7909

62. 三端集成稳压电路的输入电压至少要高出输出电压_____V。

    A. 2 ~ 3　　　　　　B. 8 ~ 10　　　　　C. 10 ~ 20　　　　　D. 15 ~ 30

63. 对三极管放大作用的实质，下面说法正确的是_____。

    A. 三极管可以把小能量放大成大能量

    B. 三极管可以把小电流放大成大电流

    C. 三极管可以把小电压放大成大电压

    D. 三极管可以用较小的电流控制较大的电流

64. 三极管放大区的放大条件为_____。

    A. 发射结正偏，集电结反偏　　　　B. 发射结反偏或零偏，集电结反偏

    C. 发射结和集电结正偏　　　　　　D. 发射结和集电结反偏

65. 晶体三极管要处于截止状态，必须满足_____。

    A. 发射结正偏，集电结反偏　　　　B. 发射结反偏或零偏，集电结反偏

    C. 发射结和集电结正偏　　　　　　D. 发射结和集电结反偏

66. 影响模拟放大电路静态工作点稳定的主要因素是_____。

    A. 三极管的 β 值　　　　　　　　B. 三极管的穿透电流

    C. 放大信号的频率　　　　　　　　D. 工作环境的温度

67. 三极管放大电路中，为尽量稳定静态工作点，可以_____。

    A. 加入钳位电路或者限幅电路

    B. 选用受温度影响较大的元器件

    C. 引入合适的负反馈电路

    D. 加滤波电容，增大直流偏置电压和电流

68. 在图示电路中，已知 $U_{CC} = 12$ V，晶体管的 $\beta = 100$，$R_b = 100$ kΩ。当 $U_i = 0$ V 时，

测得 $U_{BE} = 0.7$ V，若要基极电流 $I_B = 20$ μA，则 R_W 为_____kΩ。

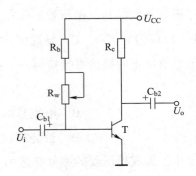

A. 465   B. 565   C. 400   D. 300

69. 射极跟随器是由_____组成的。

    A. 共集放大电路   B. 共射放大电路   C. 共基放大电路   D. 共源放大电路

70. 用 NPN 型管构成的共发射极基本放大电路，输出波形上负周出现平顶，则失真类型和消除方法是_____。

    A. 截止失真，应使 R_b 减小   B. 截止失真，应使 R_b 增大

    C. 饱和失真，应使 R_b 增大   D. 饱和失真，应使 R_b 减小。

71. 在模拟放大电路中，集电极负载电阻 R_c 的作用是_____。

    A. 限流

    B. 减小放大电路的失真

    C. 把三极管的电流放大作用转变为电压放大作用

    D. 把三极管的电压放大作用转变为电流放大作用

72. 直流放大器存在的主要问题是_____。

    A. 截止失真   B. 饱和失真   C. 交越失真   D. 零点漂移

73. 静态工作点选择过高容易出现_____。

    A. 截止失真   B. 饱和失真   C. 交越失真   D. 零点漂移

74. 阻容耦合放大电路中，耦合电容的主要作用是_____。

    A. 防止静态工作点相互影响   B. 传递信号

    C. 防止自激振荡   D. 减少零点漂移

75. 阻容耦合的优点是_____。

    A. 传递直流信号，隔离交流信号

    B. 传递共模交流信号，隔离差模直流信号

    C. 传递中低频交流信号，隔离直流信号

    D. 传递直流信号和低频交流信号，隔离高频信号

76. 直流放大器_____信号。

　　A. 只能放大直流　　　　　　　　　　B. 只能放大交流

　　C. 可以放大交流和直流　　　　　　　D. 可以放大交流或直流

77. 需要放大直流信号时，只能采用_____方式。

　　A. 直接耦合　　　　B. 电容耦合　　　　C. 电感耦合　　　　D. 变压器耦合

78. 在基本放大电路中，影响直流负载线斜率大小的是_____。

　　A. R_C 的值　　　　B. U_{CC} 的值　　　　C. R_B 的值　　　　D. β 值

79. 在单级共射极放大电路中，输入电压信号和输出电压信号的相位是_____。

　　A. 0°　　　　　　　B. 90°　　　　　　　C. 180°　　　　　　　D. 360°

80. 在多级直流放大器中，对零点飘移影响最大的是_____。

　　A. 输入级　　　　　B. 输出级　　　　　C. 中间级　　　　　D. 前后级一样

81. 晶闸管导通的条件为_____。

　　A. 阳极与阴极间加正向电压

　　B. 阳极与阴极间加反向电压

　　C. 阳极与阴极间加正向电压，同时门极与阴极间加正向触发电压。

　　D. 阳极与阴极间加反向电压，同时门极与阴极间加反向触发电压。

82. 晶闸管由导通变为截止，要满足_____条件。

　　A. 升高阳极电压　　　　　　　　　　B. 降低阴极电压

　　C. 断开控制电路　　　　　　　　　　D. 正向电流小于最小维持电流

83. 晶闸管关断的方法为_____。

　　A. 阳极与阴极间加正向电压　　　　　B. 阳极与阴极间加反向电压

　　C. 门极与阴极间加正向电压　　　　　D. 门极与阴极间加反向电压

84. 晶闸管导通后，门极_____。

　　A. 失去控制作用　　　　　　　　　　B. 可用于关断晶闸管

　　C. 可用于调节晶闸管电流　　　　　　D. 与阴极间必须一直加正向电压

85. 当晶闸管承受反向阳极电压时，不论门极加何种极性触发电压，管子都将工作在_____。

　　A. 导通状态　　　　B. 关断状态　　　　C. 饱和状态　　　　D. 不定

86. 关于单向晶闸管的构成，下述说法中正确的是_____。

　　A. 可以等效地看成是由 3 个二极管构成的

　　B. 可以等效地看成是由 1 个 NPN 型、1 个 PNP 型三极管构成的

　　C. 可以等效地看成是由 2 个 NPN 型三极管构成的

D. 可以等效地看成是由 2 个 PNP 型三极管构成的

87. 用万用表测试好的单向晶闸管时，门极 G、阴极 K 之间正反向电阻应该_____。

    A. 都不大　　　　　B. 都很大　　　　　C. 都很小　　　　　D. 一小一大

88. 普通晶闸管门极 G 与阴极 K 间的反向电阻比正向电阻_____。

    A. 稍大　　　　　B. 基本相等　　　　　C. 明显大一些　　　　　D. 小一些

89. 如某晶闸管的正向阻断重复峰值电压为 755 V，反向重复峰值电压为 845 V，则该晶闸管的额定电压应为_____V。

    A. 700　　　　　B. 750　　　　　C. 800　　　　　D. 850

90. 单结晶体管内部有_____个 PN 结。

    A. 1　　　　　B. 2　　　　　C. 3　　　　　D. 0

91. 单相半控桥式整流电路，_____续流二极管。

    A. 带大电阻负载时必须加　　　　　B. 带大电感负载时必须加

    C. 无论什么负载必须加　　　　　D. 不需要加

92. 单相半控桥式整流电路，带大电感负载时，移相范围是_____。

    A. $0° \sim 60°$　　　　　B. $0° \sim 90°$　　　　　C. $0° \sim 120°$　　　　　D. $0° \sim 180°$

93. 单相桥式可控整流电路中，输出电压随控制角的变大而_____。

    A. 变大　　　　　B. 变小　　　　　C. 不变　　　　　D. 无规律

94. 单相半控桥式整流电路，带电阻负载，当控制角为 60°时，导通角是_____。

    A. 30°　　　　　B. 60°　　　　　C. 90°　　　　　D. 120°

95. 晶闸管触发电路中，若改变_____的大小，则输出脉冲产生相位移动，达到移相控制的目的。

    A. 同步电压　　　　　B. 控制电压　　　　　C. 脉冲变压器变比　　D. 以上都不能

96. 单相桥式全控整流电路，有_____组触发电压。

    A. 1　　　　　B. 2　　　　　C. 3　　　　　D. 4

97. 单相半控桥式整流电路中，电阻性负载，流过每个晶闸管的有效电流 $I_T =$_____。

    A. I　　　　　B. $\dfrac{I}{2}$　　　　　C. $\dfrac{I}{\sqrt{2}}$　　　　　D. $\sqrt{2}I$

98. 单相半控桥式整流电路的两只晶闸管的触发脉冲依次应相差_____。

    A. 60°　　　　　B. 180°　　　　　C. 120°　　　　　D. 360°

99. 下列_____方式不属于晶闸管触发电路。

    A. 大功率二极管触发　　　　　B. 锯齿波电路触发

    C. 单结晶体管触发　　　　　D. 集成触发器触发

100. 用单结晶体管做触发电路主要是利用它的_____特性。

A. 正阻 　　　　 B. 负阻 　　　　 C. 饱和 　　　　 D. 截止

参考答案及说明

一、判断题

1. √

2. √

3. ×。双臂电桥可测量 1 Ω 以下的电阻。

4. ×。直流单臂电桥的比较臂最高位（×1 000）不能为零，若为零应调节比例臂。

5. √

6. √

7. ×。直流单臂电桥称为惠斯顿电桥。

8. √

9. ×。使用直流单臂电桥时，被测电阻有两个接头就可以。

10. ×。应将外接旋钮短接。

11. ×。直流双臂电桥中，只有比较臂的大小是单独调整的。

12. ×。直流双臂电桥称为凯文电桥。

13. ×。直流双臂电桥的测量范围不超过 11 Ω。

14. √

15. √

16. ×。先接通电源，然后接通检流计。

17. ×。先断开检流计，然后断开电源。

18. √

19. ×。电桥精度与检流计精度、比较臂电阻精度、比例臂电阻精度、电源电压高低、比例臂选择等因素都有一定关系。

20. √

21. ×。电桥平衡时，被测电阻阻值等于电桥比较臂数值乘以比例臂数值。

22. ×。四端电阻的电位端在电流端的内侧。

23. √

24. √

25. ×。当检流计偏向"＋"时，一般应增大比较臂数值。

26. ×。通过外接高精度检流计可提高测量精度。

27. ×。电源电压不能超过规定值。

28. ×。交流电桥一般可以测量交流电阻、电感、品质因数、电容、介质损耗等参数。

29. ×。交流电桥平衡条件有两个，调节平衡比较困难。

30. ×。信号发生器只能产生各种函数波形，不能是任意波形。

31. ×。信号发生器只能产生输出频率范围内的任意频率波形。

32. √

33. √

34. ×。必须要间隔一定时间方可再次启动。

35. √

36. √

37. ×。AC 档只能测交流信号，DC 档可测交流信号和直流信号。

38. ×。示波器的图形比较模糊时，应调节聚焦旋钮。

39. ×。示波器主要用来测量信号的电压大小和频率。

40. √

41. √

42. ×。示波器面板上垂直偏转因数 V/div 中电压"V"是指电压的峰—峰值。

43. √

44. ×。扫描速度越高，示波器观察快速变化信号的能力越强。

45. √

46. ×。示波器的断续显示指被测信号被分裂为许多光点，然后把两个信号的光点轮流地显示在屏幕上。

47. √

48. √

49. √

50. ×。信号发生器经衰减器输出时，不能带负载，只提供电压信号。

51. ×。信号发生器的输出端不允许直接接地短路。

52. √

53. √

54. ×。晶体二极管只是一个单向开关，不能等效为一个机械开关。

55. √

56. ×。串联式稳压电路中，调整三极管工作在放大状态。

57. ×。W7900 系列是负电压。

58. ×。三端集成稳压电路只有输入端、输出端和公共端共三个管脚。

59. ×。W7800 系列与 W7900 系列的管脚是不一样的。

60. √

61. ×。三端集成稳压电路的输入电压比输出电压高。

62. ×。W117 系列与 W317 系列输出电压调整范围是 2 ~ 40 V。

63. √

64. √

65. ×。三端集成稳压电路有金属封装和塑料封装两种形式。

66. √

67. √

68. ×。共集电极接法的基本交流放大电路也称射极跟随器。

69. ×。基本放大电路通常采用单电源供电。

70. ×。集电极电阻 R_c 的主要作用是把集电极电流变化转换成电压变化，实现电压放大。

71. ×。三极管放大的实质是用能量较小的信号控制能量较大的信号。

72. ×。三极管的 β 值由其本身的性能决定，与 I_c 的大小无关。

73. √

74. √

75. √

76. √

77. ×。静态工作点偏高时，容易出现饱和失真。

78. ×。应当减小基极电阻值。

79. √

80. √

81. ×。阻容耦合放大电路中，耦合电容的作用主要是用来传输交流信号，并防止前后级静态工作点相互干扰。

82. √

83. √

84. ×。负反馈使放大电路的放大倍数降低。

85. √

86. √

87．×。晶闸管是四层结构，三个 PN 结。

88．√

89．×。晶闸管的关断条件是阳极电流小于维持电流。

90．√

91．√

92．×。单结晶体管第一基极、第二基极、发射极。

93．×。好的晶闸管控制极与阳极间的正反向电阻相差较大。

94．×。单结晶体管的分压比由其自身结构决定。

95．√

96．√

97．×。晶闸管可控整流电路中，控制角越大输出电压越低。

98．×。全控桥中续流二极管是为了提高输出电压，半控桥中续流二极管是为了防止失控。

99．×。全控桥式整流电路带电感时移相范围是 0°～90°。

100．×。单相桥式整流电路中晶闸管最大反向电压是交流电压的峰值。

二、单项选择题

1．C	2．B	3．D	4．B	5．A	6．A	7．C	8．B	9．A
10．A	11．C	12．A	13．B	14．C	15．D	16．A	17．B	18．B
19．B	20．C	21．C	22．B	23．B	24．C	25．A	26．B	27．A
28．A	29．B	30．D	31．D	32．A	33．C	34．A	35．D	36．C
37．C	38．A	39．C	40．D	41．B	42．A	43．B	44．B	45．A
46．B	47．A	48．C	49．D	50．F	51．B	52．C	53．B	54．A
55．C	56．A	57．A	58．C	59．B	60．D	61．B	62．A	63．D
64．A	65．D	66．D	67．C	68．A	69．A	70．C	71．C	72．D
73．B	74．A	75．C	76．C	77．A	78．A	79．B	80．A	81．C
82．D	83．B	84．A	85．B	86．B	87．D	88．C	89．B	90．A
91．B	92．D	93．B	94．D	95．B	96．D	97．B	98．B	99．A
100．B								

第二部分　操作技能鉴定指导

第一章　操作技能鉴定概要

考核内容结构表及说明

级别	项目	技能要求					合计
		识图	工具使用	仪表使用	技能考核	安全文明生产	
中级	鉴定比重（%）	15	6	6	64	9	100
	考试项目	3 项综合组题					
	考核形式	实际操作 + 理论笔试					
	考核时间	60 ~ 120 min					300 min

考核内容结构表及有关说明如下：

一、识图

能正确阅读电气原理图，分析电路工作原理，根据要求绘制接线图。

二、工具使用

在各项技能考试中，能够选择合适的工具，并按要求正确使用工具。

三、仪表使用

在各项技能考试中，仪器、仪表等的使用与维护要正确无误。

四、技能考核

1. 位置控制电路、顺序控制电路、制动控制电路、绕线电动机启动电路等继电控制电路的安装、调试、维修；

2. PLC 控制电路、变频调速电路、软启动电路等自动控制电路的安装、调试、维修；

3. 三端稳压电路、阻容放大电路、三相晶闸管整流电路等基本电子电路的安装、调试、维修。

五、安全文明生产

1. 劳动保护用品穿戴整齐。

2. 电工工具佩戴齐全。

3. 遵守操作规程。

4. 尊重监考教师，文明礼貌。

5. 考试结束要清理现场。

6. 当监考教师发现考生有重大事故隐患时，要立即予以制止。

7. 考生故意违犯安全文明生产或发生重大事故，取消其考试资格。

六、考核有关说明

1. 实际操作考核采用现场实际操作方式，理论笔试为现场答题。实际技能操作考核实行百分制，理论笔试成绩记入实际技能操作考核中，成绩达60分及以上者为合格。

2. 考评人员与考生配比。技能操作考核考评员与考生配比为1∶5，且不少于3名考评员。

3. 鉴定场所设备

技能操作考核在具有相应维修电工鉴定设施和必要仪器仪表、工具的场所进行。现场应备有一定数量的桌椅，方便考生现场理论笔试答题。

重点项目要素细目及说明

操作技能考试重在考核学生的基本技能水平和解决实际问题的能力。在任何一项操作技能考试中，都要正确使用工具、仪表和仪器，安全文明操作。下面根据《国家职业标准·维修电工（中级）》和《国家职业资格培训教程·维修电工（中级）》的技能要求，选出重点考核项目，分别给予指导。

一、识图

（一）项目要求分析

电气设备的工作原理和电气连接关系都通过电气原理图来反映，不能正确阅读电气原理图将无法从事电气设备控制电路的安装、调试和维修。要求考生一定要熟悉常见低压电器的图文符号，掌握电气原理图的绘制规则。掌握电气原理图的分析方法，能够正确识读原理图，并分析电气设备的工作原理和电气连接关系。

本项目满分为15分。

（二）考核要求

1. 熟悉常见低压电器的图文符号。

2. 掌握电气原理图分析方法。

3. 掌握电气原理图的电气连接关系。

（三）配分及评分标准

理论笔试。能够正确完成低压电器和电子元件的图文符号识别，电路原理分析，电路故障分析，绘制电气接线图。依据要求酌情扣分，扣完本项得分为止。

（四）练习指导

在维修电工操作技能鉴定中，一定要掌握电气原理图的识读，能通过电气原理图对电路原理进行分析，对电路故障进行分析，绘制电气接线图。在实际练习和考试中要注意认真读图，避免粗心大意造成误读，影响正确分析电路原理与故障检修。

（五）准备过程说明

在理解项目要求，分析和练习的前提下，考生在平时练习中要培养正确的读图习惯，注意电路中的细节部分。

二、仪表使用

（一）项目要求分析

电工仪器仪表的使用不正确，会降低工作效率，影响工作进程，或造成判断上重大错误并可能产生严重的后果。要求考生一定要熟悉电工仪器仪表的正确使用与维护，严格执行其安全操作规程。中级维修电工除了要掌握万用表、兆欧表、钳形电流表的使用以外，还需要掌握直流单臂电桥、直流双臂电桥、双踪示波器、函数信号发生器等仪器仪表的使用。

本项目满分共 6 分。

否定项：不能损坏仪器、仪表，若有损坏，扣 6 分。

（二）考核要求

1. 仪器仪表使用前进行检查，确认无误后，方可使用。

2. 测量过程中按照规范要求进行操作，步骤正确，结果准确无误。

3. 能对使用的电工仪器仪表进行简单必要的维护保养。

（三）配分及评分标准

1. 实际操作

直流电桥测量挡位选择不正确；双踪示波器使用前不预调检查；测量过程中，违反规范要求，操作步骤错误；测量结果错误或偏差较大等情况，每次扣 2 分。

2. 理论笔试

能够正确掌握电工仪器仪表的使用规范、操作步骤及注意事项，按要求答题。依据要求酌情扣分，扣完本项得分为止。

（四）练习指导

在维修电工操作技能鉴定中，一定要掌握直流单臂电桥、直流双臂电桥、双踪示波器、函数信号发生器的使用方法，对其维护的内容了解即可。在实际练习和考试中要注意如下事项：

（1）要熟悉直流单臂电桥、直流双臂电桥、双踪示波器、函数信号发生器的正确使用与维护的方法，严格执行其安全操作规程。

直流单臂电桥、直流双臂电桥是精确测量中、小电阻的电工仪表。在使用直流单臂电桥、直流双臂电桥精确测量前，应先用万用表对被测电阻的阻值进行粗测。选择合适的比例臂，使所有的比较臂都能得到利用，提高测量的准确度。在测量时，一是要注意被测电阻和电桥的正确连接，连接导线尽量短，直流双臂电桥应采用四端接法消除连接导线误差；二是操作时应先按下电源 B，后按下检流计 G，先松开检流计 G，后松开电源 B。不断调整比较臂大小（必要时也需调整比例臂）直到检流计指针为零平衡，测量结果为比例臂和比较臂的乘积。

双踪示波器和函数发生器要进行正确的设置。示波器要正确读数时，微调旋钮要置于校准位置，波形要稳定。

（2）在使用直流单臂电桥、直流双臂电桥、双踪示波器、函数信号发生器时，要注意测量结果的正确性。要求正确读数。

（3）要安全文明操作，注意不损坏电工仪器仪表，做好日常维护和保养。

（五）准备过程说明

在理解项目要求，分析和练习的前提下，考生首先要从思想上重视常用工具、万用表、兆欧表、钳形电流表的使用方法，熟悉电桥、示波器的使用，在平时练习中要养成良好的习惯。

三、工具使用

（一）项目要求分析

电工工具使用不正确、不规范，会降低工作效率，影响工作进程，严重的会产生安全事故。要求考生一定要熟悉电工常用工具的正确使用与维护，严格执行其安全操作规程。中级维修电工要掌握低压验电器（试电笔）、旋具、钢丝钳、尖嘴钳、斜嘴钳、剥线钳、扳手、电烙铁、手电钻等工具的使用。

本项目满分共 6 分。

否定项：不能损坏工具，若有损坏，扣 6 分。

（二）考核要求

1. 工具使用前进行检查，确认无误后，方可使用。

2. 工具在使用时要严格按照规范操作。

3. 遵循带电操作的各项防护要求。

4. 维护及保养。能对使用的电工工具进行简单必要的维护保养。

（三）配分及评分标准

1. 实际操作

电工工具使用前不检查；低压验电器使用错误；使用穿芯旋具；带电作业不遵守安全规范；不按要求使用工具等每次扣 2 分。

2. 理论笔试

能够正确掌握电工工具的安全规范、使用方法及注意事项，按要求答题。依据要求酌情扣分，扣完本项得分为止。

（四）练习指导

在维修电工操作技能鉴定中，一定要掌握电工常用工具使用方法，特别是正确的使用规范，可防止触电事故的发生。在实际练习和考试中要注意如下事项：

（1）正确使用低压验电器。在使用前要通过已知的带电部位测试，确定低压验电器是完好的。使用低压验电器时，应逐渐靠近被测物体，直至氖管发亮，不可直接接触被测体。要防止手指接触验电器测试端的金属部分，以免造成触电事故。同时要注意正确的握姿，必须用手指接触低压验电器尾端的金属部分，否则带电体也会误判为非带电体。

（2）旋具、钳子等工具要注意检查绝缘是否完好，绝缘电压等级，能否带电作业。带电作业使用时注意不要用手接触工具的金属部分，容易误碰的部分要套上绝缘套。电工严禁使用金属杆直通握柄顶部的旋具。使用旋具、扳手、钳子等工具时要注意根据螺钉、螺母、导线的大小选择合适尺寸的工具。

（3）要安全文明操作，注意不损坏电工工具，做好日常维护和保养。

（五）准备过程说明

在理解项目要求，分析和练习的前提下，考生首先要从思想上重视常用工具的使用方法，掌握带电作业的规范，预防触电事故的发生，在平时练习中要养成良好的习惯。

四、继电控制电路装调维修

（一）项目要求分析

该项目要求考生能够正确识读继电控制线路电气原理图，并按图选择正确的元件，按照电气安装规范完成继电控制考核线路的安装、接线和调试，并通电运行。该项目考察考生的实际识图能力，仪表工具的正确使用，继电控制线路安装调试及故障排查能力。

本项目满分23分。

（二）考核要求

1. 掌握电气原理图分析方法及其电气连接关系。

2. 掌握继电控制线路的安装、接线规范及操作要领。

3. 掌握继电控制线路一般故障的排除方法。

（三）配分及评分标准

1. 按图配线（13分）

不按图接线；电源线和负载不经接线端子排接线；电器安装不牢固、不平整；不符合设计要求；导线裸露部分没有加绝缘套等；每处扣2分。电动机外壳没有接零或接地扣3分。

2. 通电运行（10分）

通电运行发生短路和开路现象扣10分；通电运行异常，每项扣5分。

（四）练习指导

在配线中，注意分清电路的电气连接关系，严格按图接线，每个接线柱上最多接两根导线，导线要进线槽规范整齐。导线接头要制作接线鼻子或安装接线端子或者顺时针缠绕在安装螺钉上，裸露部分加套绝缘管、线号，导线连接要可靠。电动机外壳要接地或接零，电源线和按钮线一定通过端子排。

通电之前要检查线路中是否存在短路和断路现象，注意按钮以及接触器、继电器的线圈相互影响。通电运行中发现问题，注意观察故障现象，分析故障可能存在的部位，认真排查。能够选择正确的检测方法和工具仪表，带电测试时，注意仪表量程的选择及工具的安全操作，防止发生短路和触电事故。找到故障点后，按规范要求排除，并再次检查线路中是否存在短路和断路现象，没有问题后再次通电运行。

（五）准备过程说明

在理解项目要求，分析和练习的前提下，考生在平时练习中要培养正确的配线习惯，注意电路中的细节部分。

五、自动控制电路装调维修

（一）项目要求分析

该项目要求考生能够掌握一种PLC的正确接线和编程方法。能够根据控制要求或控制电路原理图完成PLC的I/O分配、绘制接线图、编写控制程序，并按照电气安装规范完成PLC的接线和程序调试，并通电运行。该项目考察考生的实际识图能力，仪表工具的正确使用，PLC 线路安装以及 PLC 编程调试能力。

本项目满分 23 分。

（二）考核要求

1. 掌握电气原理图分析方法及其电气连接关系。

2. 掌握 PLC 线路的正确安装。

3. 掌握 PLC 程序的编辑与调试。

（三）配分及评分标准

1. 按图配线（8 分）

I/O 端子分配不合理、不正确；PLC 不按图接线；电源线和负载不经过接线端子排接线；电器安装不牢固、不平整，不符合设计要求；导线裸露部分没有加套绝缘管等，每处扣 1 分。电动机外壳没有接零或接地扣 2 分。

2. 通电运行（15 分）

通电运行发生短路和开路现象扣 10 分；通电运行异常，每项扣 5 分。

（四）练习指导

在配线中，注意按照要求进行 I/O 分配，I/O 分配要合理，按照 PLC 的接线规范绘制 PLC 接线图，并严格按图接线，每个接线柱上最多接两根导线，导线要进线槽规范整齐。导线接头要制作接线鼻子或安装接线端子或顺时针缠绕在安装螺钉上，裸露部分加套绝缘管、线号，导线连接要可靠。电动机外壳要接地或接零、电源线和按钮线一定通过端子排。

通电之前要检查线路中是否存在短路和断路现象，注意按钮以及接触器、继电器的线圈相互影响。通电运行中发现问题，注意观察故障现象，分析故障可能存在的部位，认真排查。带电测试时，注意仪表量程的选择及工具的安全操作，防止发生短路和触电事故。找到故障点后，按规范要求排除，并再次检查线路中是否存在短路和断路现象，没有问题后再次通电运行。

根据控制要求或电路图原理，能够掌握 PLC 的编程方法，能够利用编程器完成 PLC 的编辑、输入、调试。

（五）准备过程说明

在理解项目要求、分析和练习的前提下，考生在平时练习中要培养正确的编程习惯，注意电路中的细节部分。

六、基本电子电路装调维修

（一）项目要求分析

该项目要求考生能够根据电子线路的电气原理图，分析电路的工作原理，并依据故障现象，采取正确的检测方法和工具仪表，查找确定故障点，并加以排除。

本项目满分18分。

（二）考核要求

1. 掌握电子线路原理图分析方法。

2. 掌握电子线路故障分析、检测方法。

3. 掌握电子线路故障排除的方法。

（三）配分及评分标准

1. 故障查找（10分）

不能使用正确的检测方法和工具、仪表进行故障排查，每错标或漏标一个故障点扣5分。

2. 故障排除（3分）

不能正确排除故障，每少排除1处故障点扣2分；排除故障时产生新的故障后不能自行修复扣2分。

3. 通电运行（5分）

通电运行发生短路和开路现象扣5分；通电运行异常，每项扣2分。

（四）练习指导

在故障查找中，一定注意认真识读原理图，掌握电路的工作原理。注意观察故障现象，选择正确的检测方法和工具仪表，查找确定故障点。注意借助万用表、信号发生器、示波器等仪表，测量关键点的电位和波形，与正常情况进行对比，查找可能出现故障的元件或焊点。也可以人为制造断路或短路，观察电路工作状态的变化，有助于查找故障点。

在故障排除时，能够正确使用电烙铁，对虚焊、漏焊的焊点重新进行焊接；对损坏的元件一定要焊接下来，重新安装新元件。

通电之前要检查线路中是否存在短路和断路现象，没有问题后再次通电运行。

（五）准备过程说明

在理解项目要求，分析和练习的前提下，考生在平时练习中要培养正确的排故习惯，注意电路中的细节部分。

第二章 操作技能模拟试题

[试题1] 三相交流异步电动机正反转控制电路的安装与调试

1．考核要求

（1）正确使用电工工具及仪器、仪表。

（2）正确安装、接线并调试成功。

（3）考核注意事项

1）满分35分，时间120 min。

2）安全文明操作

（4）按照电气安装规范，依据下图所示的电路图正确完成两地双重联锁控制线路的安装、接线和调试。

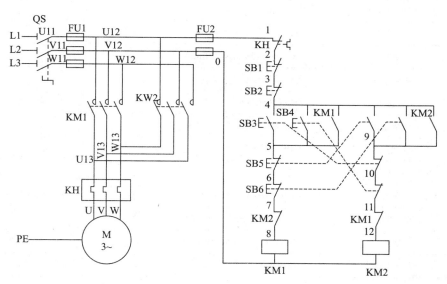

笔试部分：

（1）正确识读给定的电路图，写出下列图形文字符号的名称。

QS（　　　　　　　）；FU2（　　　　　　　　）；KM1（　　　　　　　）；

KH（　　　　　　　）；SB6（　　　　　　　　）。

（2）正确使用工具，简述剥线钳使用注意事项。

答：

（3）正确使用仪表，简述用指针式万用表测量直流电压的方法。

答：

（4）安全文明生产，回答在部分停电检修线路的开关上应悬挂什么文字的标示牌？

答：

2. 准备内容

序号	名　称	型号与规格	单位	数量	备注
1	电工通用工具	验电笔、钢丝钳、旋具（一字形和十字形）、电工刀、尖嘴钳、剥线钳、压接钳等	套	1	
2	万用表	MF47	块	1	
3	兆欧表	型号自定，500 V	台	1	
4	钳形电流表	0～50 A	块	1	
5	三相电动机	自定	台	1	
6	配线板	500 mm×450 mm×20 mm	块	1	
7	组合开关	与电动机配套	个	1	
8	交流接触器	与电动机配套	只	2	
9	热继电器	与电动机配套	只	1	
10	熔断器及熔芯配套	与电动机配套	套	3	
11	熔断器及熔芯配套	与接触器配套	套	2	
12	三联按钮	LA10－3H 或 LA4－3H	个	2	
13	接线端子排	JX2－1015，500 V、10 A、15 节	条	1	
14	螺钉	$\phi3$ mm×20 mm 或 $\phi3$ mm×15 mm	个	40	
15	塑料软铜线	BVR－2.5 mm^2	米	20	
16	塑料软铜线	BVR－1.5 mm^2	米	20	
17	接线端头	UT2.5－4 mm	个	35	
18	行线槽	自定	条	5	
19	号码管	与导线配套	米	0.5	

3. 配分及评分标准

序号	考核内容	考核要点	配分	评分标准	扣分	得分
1	识图	正确识图 正确回答笔试问题	5	笔试部分见参考答案和评分标准 本项配分扣完为止		
2	工具使用	正确使用工具 正确回答笔试问题	2	工具使用不正确，每次扣2分 笔试部分见参考答案和评分标准 本项配分扣完为止		
3	仪表使用	正确使用仪表 正确回答笔试问题	2	仪表使用不正确，每次扣2分 笔试部分见参考答案和评分标准 本项配分扣完为止		
4	安全文明生产	（1）明确安全用电的主要内容 （2）操作过程符合文明生产要求	3	（1）笔试部分见参考答案和评分标准 （2）未经考评员同意私自通电扣3分 损坏设备扣2分 损坏工具、仪表扣1分 发生轻微触电事故扣3分 本项配分扣完为止		
5	安装布线	按照电气安装规范，依据电路图正确完成本次考核线路的安装和接线	13	（1）不按图接线，每处扣2分 （2）电源线和负载不经接线端子排接线，每根导线扣2分 （3）电器安装不牢固、不平整，不符合设计及产品技术文件的要求，每项扣2分 （4）电动机外壳没有接零或接地，扣3分 （5）导线裸露部分没有加套绝缘管，每处扣2分 本项配分扣完为止		
6	试运行	（1）通电前检测设备、元器件及电路 （2）通电试运行实现电路功能	10	（1）通电运行发生短路和开路现象扣10分 （2）通电运行异常，每项扣5分 本项配分扣完为止		
合计			35			

否定项：若考生发生重大设备和人身事故，应及时终止其考试，考生该试题成绩记为零分。

笔试部分参考答案和评分标准：

（1）写出下列图形文字符号的名称（本题分值5分，每错一处扣1分）。

QS（电源开关）；FU2（熔断器）；KM1（交流接触器）；KH（热继电器）；SB6（按钮）。

（2）简述剥线钳使用注意事项（本题分值2分，错答或漏答一条扣0.5分）。

答：1）选择合适的规格；2）确定剥线长度；3）选择合适的槽口；4）用力恰当。

（3）简述指针式万用表测量直流电压的使用方法（本题分值2分，错答或漏答一条扣0.5分）。

答：1）使用前机械调零；2）预估被测直流电压的大小，选择量程，未知被测量应选用最大量程；3）红表笔接高电位，黑表笔接低电位；4）依据被测量测量结果调整量程，使表针偏转2/3左右，并正确读数。

（4）在部分停电检修线路的开关上应悬挂什么文字的标示牌？（本题分值3分，回答错误扣3分）

答：应悬挂"禁止合闸，有人工作！"的标示牌。

［试题2］ 三相交流异步电动机位置控制电路的安装与调试

1. 考核要求

（1）正确使用电工工具及仪器、仪表。

（2）正确安装、接线并调试成功。

（3）考核注意事项

1）满分35分，时间120 min

2）安全文明操作

（4）按照电气安装规范，依据下图所示的电路图正确完成工作台自动往返控制线路的安装、接线和调试。

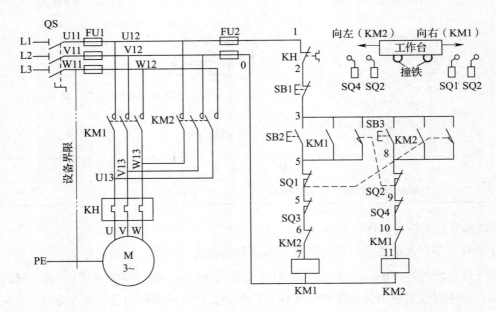

笔试部分：

（1）正确识读给定的电路图，写出下列图形文字符号的名称。

QS（　　　　　）；FU2（　　　　　　）；SB1（　　　　　　）；

KH（　　　　　）；SQ3（　　　　　　）。

（2）正确使用工具，简述试电笔的使用注意事项。

答：

（3）正确使用仪表，简述指针式万用表测量交流电压的使用方法。

答：

（4）安全文明生产，回答在已经装设临时接地线的隔离开关上，应悬挂什么文字的标示牌？

答：

2．准备内容

序号	名　称	型号与规格	单位	数量	备注
1	电工通用工具	验电笔、钢丝钳、旋具（一字形和十字形）、电工刀、尖嘴钳、剥线钳、压接钳等	套	1	
2	万用表	MF47	块	1	
3	兆欧表	型号自定，500 V	台	1	
4	钳形电流表	0 ~ 50 A	块	1	
5	三相电动机	自定	台	1	
6	配线板	500 mm × 600 mm × 20 mm	块	1	
7	组合开关	与电动机配套	个	1	
8	交流接触器	与电动机配套	只	2	
9	热继电器	与电动机配套	只	1	
10	熔断器及熔芯配套	与电动机配套	套	3	
11	熔断器及熔芯配套	与接触器配套	套	2	
12	行程开关	与接触器配套	只	4	
13	三联按钮	LA10 - 3H 或 LA4 - 3H	个	1	
14	接线端子排	JX2 - 1015，500 V、10 A、15 节	条	1	

续表

序号	名　称	型号与规格	单位	数量	备注
15	螺钉	$\phi 3\ mm \times 20\ mm$ 或 $\phi 3\ mm \times 15\ mm$	个	40	
16	塑料软铜线	$BVR-2.5\ mm^2$	米	20	
17	塑料软铜线	$BVR-1.5\ mm^2$	米	20	
18	接线端头	UT2.5－4 mm	个	35	
19	行线槽	自定	条	5	
20	号码管	与导线配套	米	0.5	

3. 配分及评分标准

序号	考核内容	考核要点	配分	评分标准	扣分	得分
1	识图	正确识图 正确回答笔试问题	5	笔试部分见参考答案和评分标准 本项配分扣完为止		
2	工具使用	正确使用工具 正确回答笔试问题	2	工具使用不正确，每次扣2分 笔试部分见参考答案和评分标准 本项配分扣完为止		
3	仪表使用	正确使用仪表 正确回答笔试问题	2	仪表使用不正确，每次扣2分 笔试部分见参考答案和评分标准 本项配分扣完为止		
4	安全文明生产	（1）明确安全用电的主要内容 （2）操作过程符合文明生产要求	3	（1）笔试部分见参考答案和评分标准 （2）未经考评员同意私自通电扣3分 损坏设备扣2分 损坏工具、仪表扣1分 发生轻微触电事故扣3分 本项配分扣完为止		
5	安装布线	按照电气安装规范，依据电路图正确完成本次考核线路的安装和接线	13	（1）不按图接线，每处扣2分 （2）电源线和负载不经接线端子排接线，每根导线扣2分 （3）电器安装不牢固、不平整，不符合设计及产品技术文件的要求，每项扣2分 （4）电动机外壳没有接零或接地，扣3分 （5）导线裸露部分没有加套绝缘管，每处扣2分 本项配分扣完为止		

序号	考核内容	考核要点	配分	评分标准	扣分	得分
6	试运行	（1）通电前检测设备、元器件及电路 （2）通电试运行实现电路功能	10	（1）通电运行发生短路和开路现象扣10分 （2）通电运行异常，每项扣5分 本项配分扣完为止		
合计			35			

否定项：若考生发生重大设备和人身事故，应及时终止其考试，考生该试题成绩记为零分。

笔试部分参考答案和评分标准：

（1）写出下列图形文字符号的名称（本题分值5分，每错一处扣1分）。

QS（电源开关）；FU2（熔断器）；SB1（按钮）；KH（热继电器）；SQ3（行程开关）。

（2）简述试电笔使用注意事项（本题分值2分，错答或漏答一条扣0.5分）。

答：1）确认被测体电压在60～500 V之间；2）使用之前要检查试电笔中有无安全电阻；3）测试前在明确的带电体上确认试电笔是好的；4）采用正确的握姿，手要与试电笔尾端的金属接触。

（3）简述指针式万用表测量交流电压的使用方法（本题分值2分，错答或漏答一条扣0.5分）。

答：1）使用前机械调零；2）预估被测交流电压的大小，选择量程，未知被测量应选用最大量程；3）测量交流电压时，一般无需区别高低电位；4）依据被测量测量结果调整量程，使表针偏转2/3左右，并正确读数。

（4）在已装设临时接地线的隔离开关上应悬挂什么文字的标示牌？（本题分值3分，回答错误扣3分）

答：应悬挂"已接地！"的标示牌。

[试题3] 三相交流异步电动机顺序控制电路的安装与调试

1. 考核要求

（1）正确使用电工工具及仪器、仪表。

（2）正确安装、接线并调试成功。

（3）考核注意事项

1）满分35分，时间120min

2）安全文明操作

（4）按照电气安装规范，依据下图所示的电路图正确完成两台电动机顺序启动、顺序停止控制线路的安装、接线和调试。

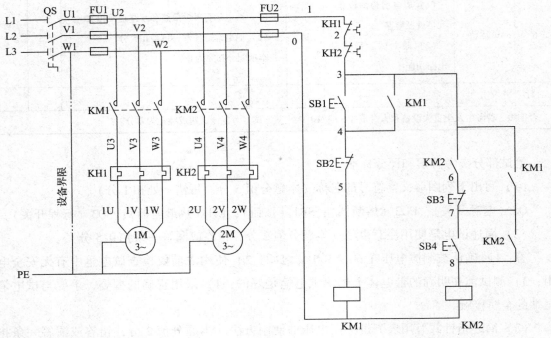

笔试部分：

（1）正确识读给定的电路图，写出下列图形文字符号的名称。

QS（　　　　　）；KM2（　　　　　　　）；1M（　　　　　　　）；KH1（　　　　　　　）；

PE（　　　）。

（2）正确使用工具，简述尖嘴钳的使用注意事项。

答：

（3）正确使用仪表，简述指针式万用表测量直流电流的使用方法。

答：

（4）安全文明生产，回答在邻近可能误登的架构或梯子上应悬挂什么文字的标示牌？

答：

2．准备内容

序号	名称	型号与规格	单位	数量	备注
1	电工通用工具	验电笔、钢丝钳、旋具（一字形和十字形）、电工刀、尖嘴钳、剥线钳、压接钳等	套	1	
2	万用表	MF47	块	1	
3	兆欧表	型号自定，500 V	台	1	
4	钳形电流表	0～50 A	块	1	
5	三相电动机	自定	台	2	
6	配线板	500 mm×450 mm×20 mm	块	1	
7	组合开关	与电动机配套	个	1	
8	交流接触器	与电动机配套	只	2	
9	热继电器	与电动机配套	只	2	
10	熔断器及熔芯配套	与电动机配套	套	3	
11	熔断器及熔芯配套	与接触器配套	套	2	
12	三联按钮	LA10－3H 或 LA4－3H	个	2	
13	接线端子排	JX2－1015，500 V、10 A、15 节	条	1	
14	螺钉	$\phi3$ mm×20 mm 或 $\phi3$ mm×15 mm	个	40	
15	塑料软铜线	BVR－2.5 mm^2	米	20	
16	塑料软铜线	BVR－1.5 mm^2	米	20	
17	接线端头	UT2.5－4 mm	个	35	
18	行线槽	自定	条	5	
19	号码管	与导线配套	米	0.5	

3．配分及评分标准

序号	考核内容	考核要点	配分	评分标准	扣分	得分
1	识图	正确识图 正确回答笔试问题	5	笔试部分见参考答案和评分标准 本项配分扣完为止		
2	工具使用	正确使用工具 正确回答笔试问题	2	工具使用不正确，每次扣2分 笔试部分见参考答案和评分标准 本项配分扣完为止		
3	仪表使用	正确使用仪表 正确回答笔试问题	2	仪表使用不正确，每次扣2分 笔试部分见参考答案和评分标准 本项配分扣完为止		

续表

序号	考核内容	考核要点	配分	评分标准	扣分	得分
4	安全文明生产	（1）明确安全用电的主要内容 （2）操作过程符合文明生产要求	3	（1）笔试部分见参考答案和评分标准 （2）未经考评员同意私自通电扣3分 损坏设备扣2分 损坏工具、仪表扣1分 发生轻微触电事故扣3分 本项配分扣完为止		
5	安装布线	按照电气安装规范，依据电路图正确完成本次考核线路的安装和接线	13	（1）不按图接线，每处扣2分 （2）电源线和负载不经接线端子排接线，每根导线扣2分 （3）电器安装不牢固、不平整，不符合设计及产品技术文件的要求，每项扣2分 （4）电机外壳没有接零或接地，扣3分 （5）导线裸露部分没有加套绝缘管，每处扣2分 本项配分扣完为止		
6	试运行	（1）通电前检测设备、元器件及电路 （2）通电试运行实现电路功能	10	（1）通电运行发生短路和开路现象扣10分 （2）通电运行异常，每项扣5分 本项配分扣完为止		
合计			35			

否定项：若考生发生重大设备和人身事故，应及时终止其考试，考生该试题成绩记为零分。

笔试部分参考答案和评分标准：

（1）写出下列图形文字符号的名称（本题分值5分，每错一处扣1分）。

QS（电源开关）；KM2（交流接触器）；1M（三相交流电动机）；KH1（热继电器）；PE（保护接地线）。

（2）简述尖嘴钳使用注意事项（本题分值2分，错答或漏答一条扣0.5分）。

答：1）尖嘴钳的头部尖细，适用于在狭小的空间操作，钳头用于夹持较小螺钉、垫圈、导线和把导线端头弯曲成所需形状；2）小刀口只能用于剪断细小的导线、金属丝等；3）带电作业时要检查手柄的绝缘情况，并注意耐压等级；4）不允许用尖嘴钳装卸螺母、夹持较粗的硬金属导线及其他硬物。

（3）简述指针式万用表测量直流电流的使用方法（本题分值2分，错答或漏答一条扣0.5分）。

答：1）使用前机械调零；2）预估被测交流电压的大小，选择量程，未知被测量应选用最大量程；3）红表笔接高电位，黑表笔接低电位；4）依据被测量测量结果调整量程，使表针偏转2/3左右，并正确读数。

（4）可能误登的架构上应悬挂什么文字的标示牌？（本题分值3分，回答错误扣3分）

答：应悬挂"禁止攀登，高压危险！"的标示牌。

[试题4] 三相交流异步电动机能耗制动控制电路的安装与调试

1．考核要求

（1）正确使用电工工具及仪器、仪表。

（2）正确安装、接线并调试成功。

（3）考核注意事项

1）满分35分，时间120 min

2）安全文明操作

（4）按照电气安装规范，依据下图所示的电路图正确完成电动机能耗制动控制线路的安装、接线和调试。

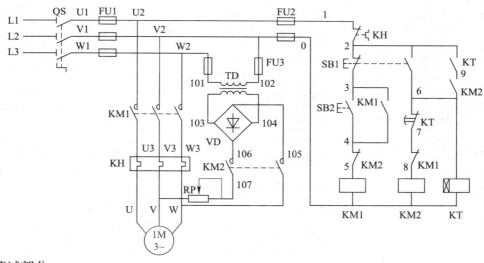

笔试部分：

（1）正确识读给定的电路图，写出下列图形文字符号的名称。

SB2（   ）；RP（   ）；KT（   ）；KH（   ）；TD（   ）。

（2）正确使用工具，简述斜嘴钳的使用注意事项。

答：

（3）正确使用仪表，简述指针式万用表测量直流电阻的使用方法。

答：

（4）安全文明生产，回答在送电操作中，隔离开关和断路器的操作顺序？

答：

2. 准备内容

序号	名称	型号与规格	单位	数量	备注
1	电工通用工具	验电笔、钢丝钳、旋具（一字形和十字形）、电工刀、尖嘴钳、剥线钳、压接钳等	套	1	
2	万用表	MF47	块	1	
3	兆欧表	型号自定，500 V	台	1	
4	钳形电流表	0 ~ 50 A	块	1	
5	三相电动机	自定	台	1	
6	配线板	500 mm × 600 mm × 20 mm	块	1	
7	组合开关	与电动机配套	个	1	
8	交流接触器	与电动机配套	只	2	
9	热继电器	与电动机配套	只	1	
10	时间继电器	与接触器配套	套	1	
11	熔断器及熔芯配套	与电动机配套	套	3	
12	熔断器及熔芯配套	与接触器配套	套	2	
13	熔断器及熔芯配套	与变压器配套	套	2	
14	变压器	BK – 25VA，380 V/6.3 V，12 V，24 V，36 V	只	1	
15	整流桥	KBPC10 – 10	只	1	
16	滑动变阻器	1 kΩ，50 W	只	1	
17	三联按钮	LA10 – 3H 或 LA4 – 3H	个	1	
18	接线端子排	JX2 – 1015，500 V、10 A、15 节	条	1	
19	螺钉	$\phi 3 \times 20$ mm 或 $\phi 3 \times 15$ mm	个	40	
20	塑料软铜线	BVR – 2.5 mm^2	米	20	

续表

序号	名称	型号与规格	单位	数量	备注
21	塑料软铜线	BVR – 1.5 mm²	米	20	
22	接线端头	UT2.5 – 4 mm	个	35	
23	行线槽	自定	条	5	
24	号码管	与导线配套	米	0.5	

3．配分及评分标准

序号	考核内容	考核要点	配分	评分标准	扣分	得分
1	识图	正确识图 正确回答笔试问题	5	笔试部分见参考答案和评分标准 本项配分扣完为止		
2	工具使用	正确使用工具 正确回答笔试问题	2	工具使用不正确，每次扣2分 笔试部分见参考答案和评分标准 本项配分扣完为止		
3	仪表使用	正确使用仪表 正确回答笔试问题	2	仪表使用不正确，每次扣2分 笔试部分见参考答案和评分标准 本项配分扣完为止		
4	安全文明生产	（1）明确安全用电的主要内容 （2）操作过程符合文明生产要求	3	（1）笔试部分见参考答案和评分标准 （2）未经考评员同意私自通电扣3分 损坏设备扣2分 损坏工具、仪表扣1分 发生轻微触电事故扣3分 本项配分扣完为止		
5	安装布线	按照电气安装规范，依据电路图正确完成本次考核线路的安装和接线	13	（1）不按图接线，每处扣2分 （2）电源线和负载不经接线端子排接线，每根导线扣2分 （3）电器安装不牢固、不平整，不符合设计及产品技术文件的要求，每项扣2分 （4）电动机外壳没有接零或接地，扣3分 （5）导线裸露部分没有加套绝缘管，每处扣2分 本项配分扣完为止		

序号	考核内容	考核要点	配分	评分标准	扣分	得分
6	试运行	（1）通电前检测设备、元器件及电路 （2）通电试运行实现电路功能	10	（1）通电运行发生短路和开路现象扣10分 （2）通电运行异常，每项扣5分 本项配分扣完为止		
合计			35			

否定项：若考生发生重大设备和人身事故，则应及时终止其考试，考生该试题成绩记为零分。

笔试部分参考答案和评分标准：

（1）写出下列图形文字符号的名称（本题分值5分，每错一处扣1分）。

SB2（按钮）；RP（滑动变阻器）；KT（时间继电器）；KH1（热继电器）；TD（控制变压器）。

（2）简述斜嘴钳使用注意事项（本题分值2分，错答或漏答一条扣0.5分）。

答：1）专供用来剪断较粗的金属丝、线材及电线电缆等；2）对粗细不同、硬度不同的材料，应选用大小合适的斜嘴钳；3）带电作业时要检查绝缘手柄的好坏，并注意耐压等级；4）不允许同时剪切两根不同的相位的带电导线。

（3）简述指针式万用表测量直流电阻的使用方法（本题分值2分，错答或漏答一条扣0.4分）。

答：1）使用前欧姆调零；2）预估被测电阻的大小，选择合适量程，使表针偏转1/2左右；3）不能带电测量电阻；4）不能用手同时接触两只表笔；5）欧姆刻度线是一个不均匀的反刻度线。

（4）送电操作中，隔离开关和断路器的操作顺序？（本题分值3分，回答错误扣3分）

答：应先合上隔离开关，后合上断路器。

[试题5] 三相交流异步电动机反接制动控制电路的安装与调试

1. 考核要求

（1）正确使用电工工具及仪器仪表。

（2）正确安装、接线并调试成功。

（3）考核注意事项

1）满分35分，时间120 min

2）安全文明操作

（4）按照电气安装规范，依据下图所示的电路图正确完成电动机反接制动控制线路的安装、接线和调试。

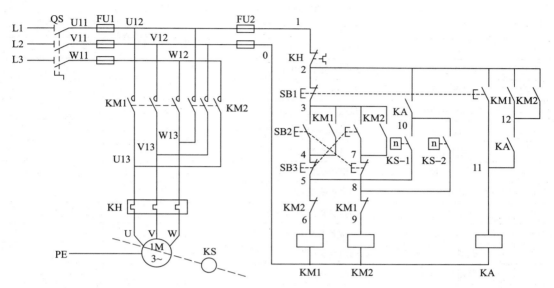

笔试部分：

（1）正确识读给定的电路图，写出下列图形文字符号的名称。

QS（　　　　　）；KM1（　　　　　　）；KA（　　　　　　）；KH（　　　　　　）；KS（　　　　　　）。

（2）正确使用工具，简述旋具的使用注意事项。

答：

（3）正确使用仪表，简述兆欧表的使用方法。

答：

（4）安全文明生产，回答在断电操作中隔离开关和断路器的操作顺序。

答：

2. 准备内容

序号	名称	型号与规格	单位	数量	备注
1	电工通用工具	验电笔、钢丝钳、旋具（一字形和十字形）、电工刀、尖嘴钳、剥线钳、压接钳等	套	1	
2	万用表	MF47	块	1	
3	兆欧表	型号自定，500 V	台	1	
4	钳形电流表	0～50 A	块	1	
5	三相电动机	自定	台	1	
6	配线板	500 mm×450 mm×20 mm	块	1	
7	组合开关	与电动机配套	个	1	
8	交流接触器	与电动机配套	只	2	
9	热继电器	与电动机配套	只	1	
10	中间继电器	与接触器配套	套	1	
11	速度继电器	与接触器配套	套	1	
12	熔断器及熔芯配套	与电动机配套	套	3	
13	熔断器及熔芯配套	与接触器配套	套	2	
14	三联按钮	LA10－3H 或 LA4－3H	个	1	
15	接线端子排	JX2－1015，500 V、10 A、15 节	条	1	
16	螺钉	ϕ3 mm×20 mm 或 ϕ3 mm×15 mm	个	40	
17	塑料软铜线	BVR－2.5 mm^2	米	20	
18	塑料软铜线	BVR－1.5 mm^2	米	20	
19	接线端头	UT2.5－4 mm	个	35	
20	行线槽	自定	条	5	
21	号码管	与导线配套	米	0.5	

3. 配分及评分标准

序号	考核内容	考核要点	配分	评分标准	扣分	得分
1	识图	正确识图 正确回答笔试问题	5	笔试部分见参考答案和评分标准 本项配分扣完为止		
2	工具使用	正确使用工具 正确回答笔试问题	2	工具使用不正确，每次扣2分 笔试部分见参考答案和评分标准 本项配分扣完为止		
3	仪表使用	正确使用仪表 正确回答笔试问题	2	仪表使用不正确，每次扣2分 笔试部分见参考答案和评分标准 本项配分扣完为止		

续表

序号	考核内容	考核要点	配分	评分标准	扣分	得分
4	安全文明生产	（1）明确安全用电的主要内容 （2）操作过程符合文明生产要求	3	（1）笔试部分见参考答案和评分标准 （2）未经考评员同意私自通电扣3分 损坏设备扣2分 损坏工具仪表扣1分 发生轻微触电事故扣3分 本项配分扣完为止		
5	安装布线	按照电气安装规范，依据电路图正确完成本次考核线路的安装和接线	13	（1）不按图接线，每处扣2分 （2）电源线和负载不经接线端子排接线每根导线扣2分 （3）电器安装不牢固、不平整，不符合设计及产品技术文件的要求，每项扣2分 （4）电动机外壳没有接零或接地，扣3分 （5）导线裸露部分没有加套绝缘管，每处扣2分 本项配分扣完为止		
6	试运行	（1）通电前检测设备、元件及电路 （2）通电试运行实现电路功能	10	（1）通电运行发生短路和开路现象扣10分 （2）通电运行异常，每项扣5分 本项配分扣完为止		
合计			35			

否定项：若考生发生重大设备和人身事故，则应及时终止其考试，考生该试题成绩记为零分。

笔试部分参考答案和评分标准：

（1）写出下列图形文字符号的名称（本题分值5分，每错一处扣1分）。

QS（电源开关）；KM1（交流接触器）；KA（中间继电器）；KH（热继电器）；KS（速度继电器）。

（2）简述旋具使用注意事项（本题分值2分，错答或漏答一条扣0.5分）。

答：1）依据螺钉的形状和大小选择合适的旋具；2）带电作业时，应注意旋具绝缘等级，同时旋具的金属杆上应套绝缘管；3）穿芯旋具不允许带电作业；4）不允许将旋具当成錾子使用。

（3）简述兆欧表的使用方法（本题分值2分，错答或漏答一条扣0.4分）。

答：1）使用前要进行开路和短路试验；2）不能带电测量绝缘电阻，测试前对被测设备断电并进行放电；3）L接线路，E接外壳，G接屏蔽层；4）120 r/min匀速摇动兆欧表，指针稳定后读数；5）测试结束后应缓慢停止摇动兆欧表。

（4）断电操作中，隔离开关和断路器的操作顺序？（本题分值3分，回答错误扣3分）

答：应先断开断路器，后断开隔离开关。

[试题6] 三相绕线转子异步电动机串电阻启动控制电路的安装与调试

1. 考核要求

（1）正确使用电工工具及仪器、仪表。

（2）正确安装、接线并调试成功。

（3）考核注意事项

1）满分35分，时间120 min

2）安全文明操作

（4）按照电气安装规范，依据下图所示的电路图正确完成电动机串电阻启动控制线路的安装、接线和调试。

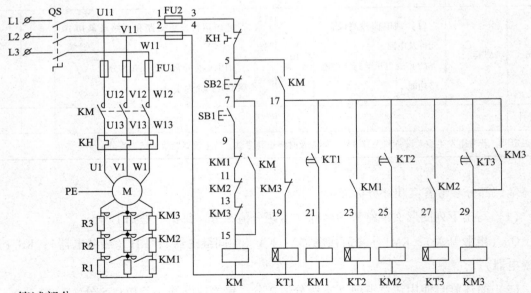

笔试部分：

（1）正确识读给定的电路图，写出下列图形文字符号的名称。

QS（　　　　　）；KM1（　　　　　）；FU2（　　　　　）；KH（　　　　　）；
KT2（　　　　　）。

（2）正确使用工具，简述使用活扳手的注意事项。

答：

（3）正确使用仪表，简述钳形表的使用方法。

答：

（4）安全文明生产，按照有关安全规程，所用电气设备的外壳应有什么样的防护措施？

答：

2. 准备内容

序号	名称	型号与规格	单位	数量	备注
1	电工通用工具	验电笔、钢丝钳、旋具（一字形和十字形）、电工刀、尖嘴钳、剥线钳、压接钳等	套	1	
2	万用表	MF47	块	1	
3	兆欧表	型号自定，500 V	台	1	
4	钳形电流表	0 ~ 50 A	块	1	
5	三相绕线式异步电动机	自定	台	1	
6	配线板	500 mm × 600 mm × 20 mm	块	1	
7	组合开关	与电动机配套	个	1	
8	交流接触器	与电动机配套	只	4	
9	热继电器	与电动机配套	只	1	
10	时间继电器	与接触器配套	套	3	
11	电阻器	1 kΩ, 50 W	只	9	
12	熔断器及熔芯配套	与电动机配套	套	3	
13	熔断器及熔芯配套	与接触器配套	套	2	
14	三联按钮	LA10 – 3H 或 LA4 – 3H	个	1	
15	接线端子排	JX2 – 1015，500 V、10 A、15 节	条	1	
16	螺钉	ϕ3 mm × 20 mm 或 ϕ3 mm × 15 mm	个	40	
17	塑料软铜线	BVR – 2.5 mm^2	米	20	
18	塑料软铜线	BVR – 1.5 mm^2	米	20	
19	接线端头	UT2.5 – 4 mm	个	35	
20	行线槽	自定	条	5	
21	号码管	与导线配套	米	0.5	

3. 配分及评分标准

序号	考核内容	考核要点	配分	评分标准	扣分	得分
1	识图	正确识图 正确回答笔试问题	5	笔试部分见参考答案和评分标准 本项配分扣完为止		
2	工具使用	正确使用工具 正确回答笔试问题	2	工具使用不正确每次扣2分 笔试部分见参考答案和评分标准 本项配分扣完为止		
3	仪表使用	正确使用仪表 正确回答笔试问题	2	仪表使用不正确每次扣2分 笔试部分见参考答案和评分标准 本项配分扣完为止		
4	安全文明生产	（1）明确安全用电的主要内容 （2）操作过程符合文明生产要求	3	（1）笔试部分见参考答案和评分标准 （2）未经考评员同意私自通电扣3分 损坏设备扣2分 损坏工具、仪表扣1分 发生轻微触电事故扣3分 本项配分扣完为止		
5	安装布线	按照电气安装规范，依据电路图正确完成本次考核线路的安装和接线	13	（1）不按图接线每处扣2分 （2）电源线和负载不经接线端子排接线每根导线扣2分 （3）电器安装不牢固、不平整，不符合设计及产品技术文件的要求，每项扣2分 （4）电动机外壳没有接零或接地，扣3分 （5）导线裸露部分没有加套绝缘管，每处扣2分 本项配分扣完为止		
6	试运行	（1）通电前检测设备、元器件及电路 （2）通电试运行实现电路功能	10	（1）通电运行发生短路和开路现象扣10分 （2）通电运行异常，每项扣5分 本项配分扣完为止		
合计			35			

否定项：若考生发生重大设备和人身事故，应及时终止其考试，考生该试题成绩记为零分。

笔试部分参考答案和评分标准：

（1）写出下列图形文字符号的名称（本题分值5分，每错一处扣1分）。

QS（电源开关）；KM1（交流接触器）；FU2（熔断器）；KH（热继电器）；KT2（时间继电器）。

（2）简述使用活扳手的注意事项（本题分值2分，错答或漏答一条扣0.5分）。

答：1）依据螺母大小调节合适的钳口；2）活扳手不允许反用；3）不允许使用加力杆施加较大的扳拧力矩；4）不允许将活扳手当锤子使用。

（3）简述兆欧表的使用方法（本题分值2分，错答或漏答一条扣0.4分）。

答：1）使用前调零；2）预估被测电流的大小，选择量程；3）将被测导线置于钳口内中心位置；4）被测电路电流太小时可将被测载流导线在钳口部分的铁芯柱上绕几圈。

（4）按照有关安全规程，所用电气设备的外壳应有什么样的防护措施？（本题分值3分，回答错误扣3分）

答：电气设备的外壳应采取保护接零或者保护接地措施。

[试题7] PLC 控制三相异步电动机能耗制动装调

1. 考核要求

（1）考试时间：120 min。

（2）考核方式：实操 + 笔试。

（3）本题分值：35 分。

（4）具体考核要求：按照电气安装规范，依据下图所示的主电路绘制 I/O 接线图，正确完成 PLC 控制电动机能耗制动线路的安装、接线和调试。

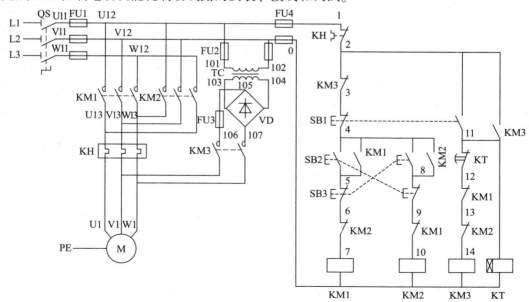

笔试部分：

（1）正确识读给定的电路图，将控制电路部分改为 PLC 控制，在答题纸上正确绘制 PLC 的 I/O 口（输入/输出）接线图并设计 PLC 梯形图。

（2）正确使用工具，简述钢丝钳使用注意事项。

答：

（3）正确使用仪表，简述接地电阻测量仪的使用方法。

答：

（4）安全文明生产，回答在室外地面高压设备四周的围栏上悬挂什么内容的标示牌？

答：

操部作分：

（5）按照电气安装规范，将控制电路部分改为 PLC 控制，依据主电路和绘制的 I/O 接线图正确完成 PLC 控制电动机启动线路的安装和接线。

（6）正确编制程序并输入 PLC 中。

（7）通电试运行。

笔试部分答题纸：

（1）PLC 接线图。

（2）PLC 梯形图。

2. 准备内容

序号	名称	型号与规格	单位	数量	备注
1	电工通用工具	验电笔、钢丝钳、旋具（一字形和十字形）、电工刀、尖嘴钳、剥线钳、压接钳等	套	1	
2	万用表	MF47	块	1	
3	兆欧表	型号自定，500 V	台	1	
4	钳形电流表	0 ~ 50 A	块	1	
5	可编程控制器	型号自定，I/O 口 24 点以上	台	1	
	编程用计算机或便携式编程器以及下载线	与 PLC 配套	套	1	
6	三相异步电动机	自定	台	1	
7	配线板	500 mm ×450 mm ×20 mm	块	2	
8	组合开关	与电动机配套	个	1	
9	交流接触器	与电动机配套	只	3	
10	热继电器	与电动机配套	只	1	
11	变压器	BK－25VA，380 V/6.3 V，12 V，24 V，36 V	只	1	
12	整流桥	KBPC10－10	只	1	
13	滑动变阻器	1 kΩ，50 W	只	1	
14	熔断器及熔芯配套	与电动机配套	套	3	
15	熔断器及熔芯配套	与接触器、PLC 配套	套	3	
16	熔断器及熔芯配套	与变压器配套	套	2	
17	三联按钮	LA10－3H 或 LA4－3H	个	1	
18	接线端子排	JX2－1015，500 V、10 A、15 节	条	1	

序号	名称	型号与规格	单位	数量	备注
19	螺钉	$\phi 3\ mm \times 20\ mm$ 或 $\phi 3\ mm \times 15\ mm$	个	40	
20	塑料软铜线	BVR – 2.5 mm^2	m	20	
21	塑料软铜线	BVR – 1.5 mm^2	m	20	
22	接线端头	UT2.5 – 4 mm	个	35	
23	行线槽	自定	条	5	
24	号码管	与导线配套	m	0.5	

3. 配分及评分标准

序号	考核内容	考核要点	配分	评分标准	扣分	得分
1	识图	正确识图 正确回答笔试问题	5	笔试部分见参考答案和评分标准 本项配分扣完为止		
2	工具的使用	正确使用工具 正确回答笔试问题	2	工具使用不正确，每次扣2分 笔试部分见参考答案和评分标准 本项配分扣完为止		
3	仪表的使用	正确使用仪表 正确回答笔试问题	2	仪表使用不正确，每次扣2分 笔试部分见参考答案和评分标准 本项配分扣完为止		
4	安全文明生产	（1）明确安全用电的主要内容 （2）操作过程符合文明生产要求	3	（1）笔试部分见参考答案和评分标准 （2）未经考评员同意私自通电扣3分 损坏设备扣2分 损坏工具、仪表扣1分 发生轻微触电事故扣3分 本项配分扣完为止		
5	安装布线	按照电气安装规范，依据电路图正确完成本次考核线路的安装和接线	8	（1）不按图接线，每处扣1分 （2）电源线和负载不经接线端子排，接线每根导线扣1分 （3）电器安装不牢固、不平整，不符合设计及产品技术文件的要求，每项扣1分 （4）电动机外壳没有接零或接地，扣2分 （5）导线裸露部分没有加套绝缘管，每处扣1分 本项配分扣完为止		

续表

序号	考核内容	考核要点	配分	评分标准	扣分	得分
6	试运行	（1）通电前检测设备、元件及电路 （2）通电试运行实现电路功能	15	（1）通电运行发生短路和开路现象扣10分 （2）通电运行异常，每项扣5分 本项配分扣完为止		
合计			35			

否定项：若考生发生重大设备和人身事故，应及时终止其考试，考生该试题成绩记为零分。

笔试部分参考答案和评分标准：

（1）绘制 PLC 的 I/O 接口图和梯形图（本题分值 5 分，每错一处扣 1 分）。

考评员依据具体考核要求，参考运行结果，对 I/O 接口图和梯形图进行评分。

（2）简述使用钢丝钳的注意事项（本题分值 2 分，错答或漏答一条扣 0.5 分）。

答：1）根据不同用途，选用不同规格的钢丝钳；2）带电操作时，要检查套管的绝缘情况及耐压等级，手与钢丝钳的金属部分保持 2 cm 以上的距离；3）在带电剪切导线时，不得用刀口同时剪切不同电位的两根线（如相线与零线、相线与相线等），以免发生短路事故；4）不能把钢丝钳当榔头使用。

（3）简述接地电阻测量仪的使用方法（本题分值 2 分，错答或漏答一条扣 0.5 分）。

答：1）按照要求相距接地极 E'20 米插入电位探棒 P'，20 米插入电流探棒 C'，并和接地电阻测量仪 E、P、C 极正确连接；2）仪表放置水平后，调整检流计的机械零位，归零；3）选择最大倍率，摇柄均匀加速到 120 r/min。旋动刻度盘，使检流计指针始终保持到 "0" 点。此时刻度盘上读数乘上倍率档即为被测电阻值；4）当刻度盘读数小于 1，检流计指针仍未取得平衡时，可将倍率开关置于小一档的倍率，直至调节到完全平衡为止。

（4）室外高压设备的围栏悬挂什么内容标示牌？（本题分值 3 分，回答错误扣 3 分）

答：悬挂 "止步，高压危险！" 的标示牌。

[试题 8] PLC 控制三相异步电动机降压启动装调

1. 考核要求

（1）考试时间：120 min。

（2）考核方式：实操 + 笔试。

（3）本题分值：35 分。

（4）具体考核要求：按照电气安装规范，依据下图所示的主电路绘制 I/O 接线图，正确完成 PLC 控制电动机 Y－Δ 降压启动线路的安装、接线和调试。

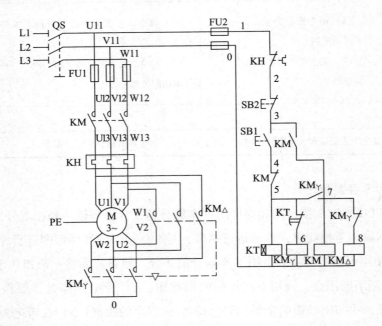

笔试部分：

（1）正确识读给定的电路图，将控制电路部分改为 PLC 控制，在答题纸上正确绘制 PLC 的 I/O 口（输入/输出）接线图并设计 PLC 梯形图。

（2）正确使用工具，简述压线钳使用注意事项。

答：

（3）正确使用仪表，简述电流互感器的使用方法。

答：

（4）安全文明生产，回答我国根据环境条件不同规定的安全电压等级有哪些？

答：

操部作分：

（5）按照电气安装规范，将控制电路部分改为 PLC 控制，依据主电路和绘制的 I/O 接线图正确完成 PLC 控制电动机启动线路的安装和接线。

（6）正确编制程序并输入 PLC 中。

（7）通电试运行。

笔试部分答题纸：

（1）PLC 接线图。

（2）PLC 梯形图。

2. 准备内容

序号	名称	型号与规格	单位	数量	备注
1	电工通用工具	验电笔、钢丝钳、旋具（一字形和十字形）、电工刀、尖嘴钳、剥线钳、压接钳等	套	1	
2	万用表	MF47	块	1	
3	兆欧表	型号自定，500 V	台	1	
4	钳形电流表	0～50 A	块	1	
	可编程控制器	型号自定，I/O 口 24 点以上	台	1	
5	编程用计算机或便携式编程器以及下载线	与 PLC 配套	套	1	

序号	名称	型号与规格	单位	数量	备注
6	三相异步电动机	自定	台	1	
7	配线板	500 mm×450 mm×20 mm	块	2	
8	组合开关	与电动机配套	个	1	
9	交流接触器	与电动机配套	只	3	
10	热继电器	与电动机配套	只	1	
11	熔断器及熔芯配套	与电动机配套	套	3	
12	熔断器及熔芯配套	与接触器、PLC配套	套	3	
13	三联按钮	LA10-3H 或 LA4-3H	个	1	
14	接线端子排	JX2-1015，500 V、10 A、15 节	条	1	
15	螺钉	$\phi3$ mm×20 mm 或 $\phi3$ mm×15 mm	个	40	
16	塑料软铜线	BVR-2.5 mm^2	m	20	
17	塑料软铜线	BVR-1.5 mm^2	m	20	
18	接线端头	UT2.5-4 mm	个	35	
19	行线槽	自定	条	5	
20	号码管	与导线配套	m	0.5	

3. 配分及评分标准

序号	考核内容	考核要点	配分	评分标准	扣分	得分
1	识图	正确识图 正确回答笔试问题	5	笔试部分见参考答案和评分标准 本项配分扣完为止		
2	工具的使用	正确使用工具 正确回答笔试问题	2	工具使用不正确，每次扣2分 笔试部分见参考答案和评分标准 本项配分扣完为止		
3	仪表的使用	正确使用仪表 正确回答笔试问题	2	仪表使用不正确，每次扣2分 笔试部分见参考答案和评分标准 本项配分扣完为止		
4	安全文明生产	（1）明确安全用电的主要内容 （2）操作过程符合文明生产要求	3	（1）笔试部分见参考答案和评分标准 （2）未经考评员同意私自通电扣3分 损坏设备扣2分 损坏工具、仪表扣1分 发生轻微触电事故扣3分 本项配分扣完为止		

序号	考核内容	考核要点	配分	评分标准	扣分	得分
5	安装布线	按照电气安装规范，依据电路图正确完成本次考核线路的安装和接线	8	（1）不按图接线，每处扣1分 （2）电源线和负载不经接线端子排，接线每根导线扣1分 （3）电器安装不牢固、不平整，不符合设计及产品技术文件的要求，每项扣1分 （4）电动机外壳没有接零或接地，扣2分 （5）导线裸露部分没有加套绝缘管，每处扣1分 本项配分扣完为止		
6	试运行	（1）通电前检测设备、元器件及电路 （2）通电试运行实现电路功能	15	（1）通电运行发生短路和开路现象扣10分 （2）通电运行异常，每项扣5分 本项配分扣完为止		
合计			35			

否定项：若考生发生重大设备和人身事故，应及时终止其考试，考生该试题成绩记为零分。

笔试部分参考答案和评分标准：

（1）绘制 PLC 的 I/O 接口图和梯形图（本题分值5分，每错一处扣1分）。

考评员依据具体考核要求，参考运行结果，对 I/O 接口图和梯形图进行评分。

（2）简述使用压线钳的注意事项（本题分值2分，错答或漏答一条扣0.5分）。

答：1）依据导线规格不同，选择合适的压线钳和钳口；2）压坑不得过浅，否则线头容易抽出；3）每压完一个坑，应保持一定时间再松开；4）不能把压线钳当榔头使用。

（3）简述电流互感器的使用方法（本题分值2分，错答或漏答一条扣0.5分）。

答：1）依据负载最大电流和仪表最大量程选择合适的电流互感器；2）一次绕组必须和负载串联；3）二次绕组接电流表或电流线圈，二次侧串联的电流表或电流线圈不超过5个；4）二次侧不允许开路，并要和铁芯一起可靠接地。

（4）我国根据环境条件不同规定的安全电压等级有哪些？（本题分值3分，回答错误扣3分）

答：我国安全电压等级有 6 V、12 V、24 V、36 V、42 V。

[试题 9] PLC 控制三相异步电动机顺启逆停装调

1. 考核要求

（1）考试时间：120 min。

（2）考核方式：实操 + 笔试。

（3）本题分值：35 分。

（4）具体考核要求：按照电气安装规范，依据下图所示的主电路绘制 I/O 接线图，正确完成 PLC 控制电动机顺序启动、逆序停止线路的安装、接线和调试。

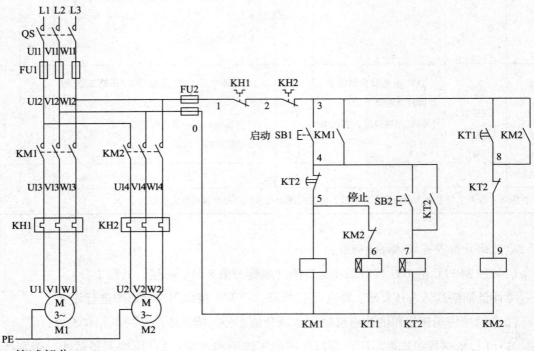

笔试部分：

（1）正确识读给定的电路图，将控制电路部分改为 PLC 控制，在答题纸上正确绘制 PLC 的 I/O 口（输入/输出）接线图并设计 PLC 梯形图。

（2）正确使用工具，简述使用呆扳手的注意事项。

答：

（3）正确使用仪表，简述电压互感器的使用方法。

答：

（4）安全文明生产，回答单相三孔插座的接线原则？

答：

操部作分：

（5）按照电气安装规范，将控制电路部分改为 PLC 控制，依据主电路和绘制的 I/O 接线图正确完成 PLC 控制电动机启动线路的安装和接线。

（6）正确编制程序并输入 PLC 中。

（7）通电试运行。

笔试部分答题纸：

（1）PLC 接线图。

（2）PLC 梯形图。

2. 准备内容

序号	名称	型号与规格	单位	数量	备注
1	电工通用工具	验电笔、钢丝钳、旋具（一字形和十字形）、电工刀、尖嘴钳、剥线钳、压接钳等	套	1	
2	万用表	MF47	块	1	
3	兆欧表	型号自定，500 V	台	1	
4	钳形电流表	0～50 A	块	1	
5	可编程控制器	型号自定，I/O 口24点以上	台	1	
6	编程用计算机或便携式编程器以及下载线	与 PLC 配套	套	1	
7	三相异步电动机	自定	台	2	
8	配线板	500 mm×450 mm×20 mm	块	2	
9	组合开关	与电动机配套	个	1	
10	交流接触器	与电动机配套	只	2	
11	热继电器	与电动机配套	只	2	
12	熔断器及熔芯配套	与电动机配套	套	3	
13	熔断器及熔芯配套	与接触器、PLC 配套	套	3	
14	三联按钮	LA10－3H 或 LA4－3H	个	1	
15	接线端子排	JX2－1015，500 V、10 A、15 节	条	1	
16	螺钉	$\phi3$ mm×20 mm 或 $\phi3$ mm×15 mm	个	40	
17	塑料软铜线	BVR－2.5 mm²	m	20	
18	塑料软铜线	BVR－1.5 mm²	m	20	
19	接线端头	UT2.5－4 mm	个	35	
20	行线槽	自定	条	5	
21	号码管	与导线配套	m	0.5	

3. 配分及评分标准

序号	考核内容	考核要点	配分	评分标准	扣分	得分
1	识图	正确识图 正确回答笔试问题	5	笔试部分见参考答案和评分标准 本项配分扣完为止		
2	工具的使用	正确使用工具 正确回答笔试问题	2	工具使用不正确，每次扣2分 笔试部分见参考答案和评分标准 本项配分扣完为止		

续表

序号	考核内容	考核要点	配分	评分标准	扣分	得分
3	仪表的使用	正确使用仪表 正确回答笔试问题	2	仪表使用不正确，每次扣2分 笔试部分见参考答案和评分标准 本项配分扣完为止		
4	安全文明生产	（1）明确安全用电的主要内容 （2）操作过程符合文明生产要求	3	（1）笔试部分见参考答案和评分标准 （2）未经考评员同意私自通电扣3分 损坏设备扣2分 损坏工具、仪表扣1分 发生轻微触电事故扣3分 本项配分扣完为止		
5	安装布线	按照电气安装规范，依据电路图正确完成本次考核线路的安装和接线	8	（1）不按图接线，每处扣1分 （2）电源线和负载不经接线端子排，接线每根导线扣1分 （3）电器安装不牢固、不平整，不符合设计及产品技术文件的要求，每项扣1分 （4）电动机外壳没有接零或接地，扣2分 （5）导线裸露部分没有加套绝缘管，每处扣1分 本项配分扣完为止		
6	试运行	（1）通电前检测设备、元器件及电路 （2）通电试运行实现电路功能	15	（1）通电运行发生短路和开路现象扣10分 （2）通电运行异常，每项扣5分 本项配分扣完为止		
合计			35			

否定项：若考生发生重大设备和人身事故，则应及时终止其考试，考生该试题成绩记为零分。

笔试部分参考答案和评分标准：

（1）绘制PLC的I/O接口图和梯形图（本题分值5分，每错一处扣1分）。

考评员依据具体考核要求，参考运行结果，对I/O接口图和梯形图进行评分。

（2）简述使用呆扳手的注意事项（本题分值2分，错答或漏答一条扣0.5分）。

答：1）依据螺母的大小选择合适规格的呆扳手；2）呆扳手规格尺寸选择过大时容易损坏螺母；3）不允许使用加力杆施加较大的扳拧力矩；4）只有敲击扳手可以当榔头使用。

（3）简述电压互感器的使用方法（本题分值2分，错答或漏答一条扣0.5分）。

答：1）依据负载最高电压和仪表最大量程选择合适的电压互感器；2）一次绕组必须和负载并联；3）二次绕组接电压表或电压线圈，二次侧并联的电压表或电压线圈不超过5个；4）二次侧不允许短路，并要和铁芯一起可靠接地。

（4）单相三孔插座的接线原则（本题分值3分，回答错误扣3分）。

答：单相三孔插座的接线原则是左零右火上接地。

[试题10] PLC控制三相异步电动机反接制动装调

1. 考核要求

（1）考试时间：120 min。

（2）考核方式：实操＋笔试。

（3）本题分值：35分。

（4）具体考核要求：按照电气安装规范，依据下图所示的主电路绘制I/O接线图，正确完成PLC控制电动机反接制动线路的安装、接线和调试。

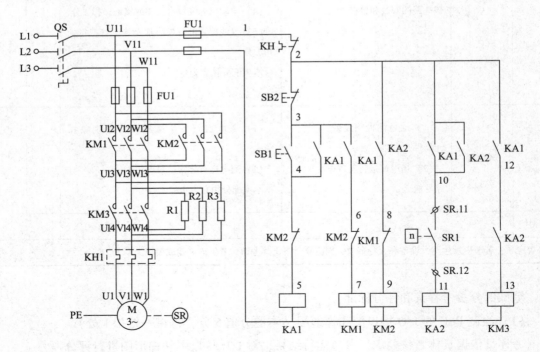

笔试部分：

（1）正确识读给定的电路图，将控制电路部分改为 PLC 控制，在答题纸上正确绘制 PLC 的 I/O 口（输入/输出）接线图并设计 PLC 梯形图。

（2）正确使用工具，简述套筒扳手使用注意事项。

答：

（3）正确使用仪表，简述使用功率表的方法。

答：

（4）安全文明生产，回答高压设备发生接地故障时，人体与接地点的安全距离为多少米？

答：

操部作分：

（5）按照电气安装规范，将控制电路部分改为 PLC 控制，依据主电路和绘制的 I/O 接线图正确完成 PLC 控制电动机启动线路的安装和接线。

（6）正确编制程序并输入 PLC 中。

（7）通电试运行。

笔试部分答题纸：

（1）PLC 接线图。

（2）PLC 梯形图。

2. 准备内容

序号	名称	型号与规格	单位	数量	备注
1	电工通用工具	验电笔、钢丝钳、旋具（一字形和十字形）、电工刀、尖嘴钳、剥线钳、压接钳等	套	1	
2	万用表	MF47	块	1	
3	兆欧表	型号自定，500 V	台	1	
4	钳形电流表	0 ~ 50 A	块	1	
5	可编程控制器	型号自定，I/O 口 24 点以上	台	1	
6	编程用计算机或便携式编程器以及下载线	与 PLC 配套	套	1	
7	三相异步电动机	自定	台	1	
8	配线板	500 mm×450 mm×20 mm	块	2	
9	组合开关	与电动机配套	个	1	
10	交流接触器	与电动机配套	只	3	
11	热继电器	与电动机配套	只	1	
12	速度继电器	与接触器配套	套	1	
13	电阻器	1 kΩ，50 W	只	3	
14	熔断器及熔芯配套	与电动机配套	套	3	
15	熔断器及熔芯配套	与接触器、PLC 配套	套	3	
16	三联按钮	LA10 – 3H 或 LA4 – 3H	个	1	

序号	名称	型号与规格	单位	数量	备注
17	接线端子排	JX2－1015，500 V、10 A、15 节	条	1	
18	螺钉	ϕ3 mm×20 mm 或 ϕ3 mm×15 mm	个	40	
19	塑料软铜线	BVR－2.5 mm^2	m	20	
20	塑料软铜线	BVR－1.5 mm^2	m	20	
21	接线端头	UT2.5－4 mm	个	35	
22	行线槽	自定	条	5	
23	号码管	与导线配套	m	0.5	

3. 配分及评分标准

序号	考核内容	考核要点	配分	评分标准	扣分	得分
1	识图	正确识图 正确回答笔试问题	5	笔试部分见参考答案和评分标准 本项配分扣完为止		
2	工具的使用	正确使用工具 正确回答笔试问题	2	工具使用不正确，每次扣2分 笔试部分见参考答案和评分标准 本项配分扣完为止		
3	仪表的使用	正确使用仪表 正确回答笔试问题	2	仪表使用不正确，每次扣2分 笔试部分见参考答案和评分标准 本项配分扣完为止		
4	安全文明生产	（1）明确安全用电的主要内容 （2）操作过程符合文明生产要求	3	（1）笔试部分见参考答案和评分标准 （2）未经考评员同意私自通电扣3分 损坏设备扣2分 损坏工具仪表扣1分 发生轻微触电事故扣3分 本项配分扣完为止		

续表

序号	考核内容	考核要点	配分	评分标准	扣分	得分
5	安装布线	按照电气安装规范，依据电路图正确完成本次考核线路的安装和接线	8	（1）不按图接线，每处扣1分 （2）电源线和负载不经接线端子排接线，每根导线扣1分 （3）电器安装不牢固、不平整，不符合设计及产品技术文件的要求，每项扣1分 （4）电动机外壳没有接零或接地，扣2分 （5）导线裸露部分没有加套绝缘管，每处扣1分 本项配分扣完为止		
6	试运行	（1）通电前检测设备、元器件及电路 （2）通电试运行实现电路功能	15	（1）通电运行发生短路和开路现象扣10分 （2）通电运行异常，每项扣5分 本项配分扣完为止		
合计			35			

否定项：若考生发生重大设备和人身事故，应及时终止其考试，考生该试题成绩记为零分。

笔试部分参考答案和评分标准：

（1）绘制PLC的I/O接口图和梯形图（本题分值5分，每错一处扣1分）。

考评员依据具体考核要求，参考运行结果，对I/O接口图和梯形图进行评分。

（2）简述使用套筒扳手的注意事项（本题分值2分，错答或漏答一条扣0.5分）。

答：1）依据螺母的大小选择合适规格的套筒；2）扭动前必须把手柄接头安装稳定才能用力，防止打滑脱落伤人；3）扭动手柄时用力要平稳，用力方向与补扭件的中心轴线垂直；4）套筒变形或有裂纹时严禁使用。

（3）简述功率表的使用方法（本题分值2分，错答或漏答一条扣0.5分）。

答：1）根据负责的额定电压、额定电流和额定功率来选择功率表的电压、电流、功率量程，三者都必须满足要求；2）直流负载接线时要注意正负极，交流负载接线时注意同名端；3）使用互感器时，结果要乘上互感器的变比；4）接线正确指针反偏时，将电流线圈反接，读数加负号。

（4）高压设备发生接地故障时，人体与接地点的安全距离为多少m？（本题分值3分，回答错误扣3分）

答：室内为4 m，室外为8 m。

[试题11]　PLC 控制三相绕线转子电动机启动装调

1. 考核要求

（1）考试时间：120 min。

（2）考核方式：实操 + 笔试。

（3）本题分值：35 分。

（4）具体考核要求：按照电气安装规范，依据下图所示的主电路绘制 I/O 接线图，正确完成 PLC 控制绕线式电动机启动线路的安装、接线和调试。

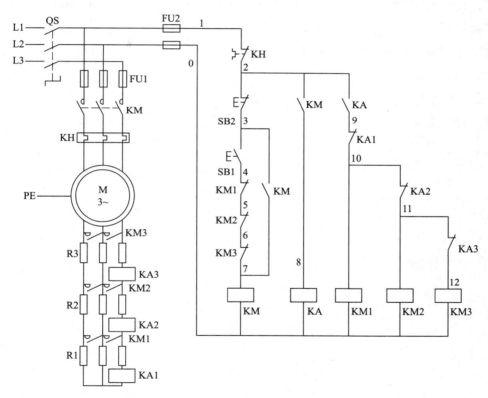

笔试部分：

（1）正确识读给定的电路图，将控制电路部分改为 PLC 控制，在答题纸上正确绘制 PLC 的 I/O 口（输入/输出）接线图并设计 PLC 梯形图。

（2）正确使用工具，简述高压验电器使用注意事项。

答：

（3）正确使用仪表，简述数字万用表的使用方法。

答：

（4）安全文明生产，回答在施工现场配电母线和架空配电线路中，标志 L1、L2、L3 三相相序的绝缘色是什么颜色？

答：

操部作分：

（5）按照电气安装规范，将控制电路部分改为 PLC 控制，依据主电路和绘制的 I/O 接线图正确完成 PLC 控制电动机启动线路的安装和接线。

（6）正确编制程序并输入 PLC 中。

（7）通电试运行。

笔试部分答题纸：

（1）PLC 接线图。

（2）PLC 梯形图。

2. 准备内容

序号	名称	型号与规格	单位	数量	备注
1	电工通用工具	验电笔、钢丝钳、旋具（一字形和十字形）、电工刀、尖嘴钳、剥线钳、压接钳等	套	1	
2	万用表	MF47	块	1	
3	兆欧表	型号自定，500 V	台	1	

续表

序号	名称	型号与规格	单位	数量	备注
4	钳形电流表	0~50 A	块	1	
5	可编程控制器	型号自定，I/O 口 24 点以上	台	1	
6	编程用计算机或便携式编程器以及下载线	与 PLC 配套	套	1	
7	三相绕线异步电动机	自定	台	1	
8	配线板	500 mm × 450 mm × 20 mm	块	2	
9	组合开关	与电动机配套	个	1	
10	交流接触器	与电动机配套	只	4	
11	热继电器	与电动机配套	只	1	
12	过电流继电器	与电动机配套	只	3	
13	熔断器及熔芯配套	与电动机配套	套	3	
14	熔断器及熔芯配套	与接触器、PLC 配套	套	3	
15	三联按钮	LA10-3H 或 LA4-3H	个	1	
16	接线端子排	JX2-1015，500 V、10 A、15 节	条	1	
17	螺钉	$\phi3$ mm × 20 mm 或 $\phi3$ mm × 15 mm	个	40	
18	塑料软铜线	BVR-2.5 mm^2	m	20	
19	塑料软铜线	BVR-1.5 mm^2	m	20	
20	接线端头	UT2.5-4 mm	个	35	
21	行线槽	自定	条	5	
22	号码管	与导线配套	m	0.5	

3. 配分及评分标准

序号	考核内容	考核要点	配分	评分标准	扣分	得分
1	识图	正确识图 正确回答笔试问题	5	笔试部分见参考答案和评分标准 本项配分扣完为止		
2	工具的使用	正确使用工具 正确回答笔试问题	2	工具使用不正确，每次扣2分 笔试部分见参考答案和评分标准 本项配分扣完为止		
3	仪表的使用	正确使用仪表 正确回答笔试问题	2	仪表使用不正确，每次扣2分 笔试部分见参考答案和评分标准 本项配分扣完为止		

序号	考核内容	考核要点	配分	评分标准	扣分	得分
4	安全文明生产	（1）明确安全用电的主要内容 （2）操作过程符合文明生产要求	3	（1）笔试部分见参考答案和评分标准 （2）未经考评员同意私自通电扣3分 损坏设备扣2分 损坏工具、仪表扣1分 发生轻微触电事故扣3分 本项配分扣完为止		
5	安装布线	按照电气安装规范，依据电路图正确完成本次考核线路的安装和接线	8	（1）不按图接线，每处扣1分 （2）电源线和负载不经接线端子排接线，每根导线扣1分 （3）电器安装不牢固、不平整，不符合设计及产品技术文件的要求，每项扣1分 （4）电动机外壳没有接零或接地，扣2分 （5）导线裸露部分没有加套绝缘管，每处扣1分 本项配分扣完为止		
6	试运行	（1）通电前检测设备、元器件及电路 （2）通电试运行实现电路功能	15	（1）通电运行发生短路和开路现象扣10分 （2）通电运行异常，每项扣5分 本项配分扣完为止		
合计			35			

否定项：若考生发生重大设备和人身事故，应及时终止其考试，考生该试题成绩记为零分。

笔试部分参考答案和评分标准：

（1）绘制PLC的I/O接口图和梯形图（本题分值5分，每错一处扣1分）。

考评员依据具体考核要求，参考运行结果，对I/O接口图和梯形图进行评分。

（2）简述高压验电器使用注意事项（本题分值2分，错答或漏答一条扣0.5分）。

答：1）使用前必须进行检查，对确定的带电体进行检测，确定验电器是完好的；2）必须戴绝缘手套、穿绝缘鞋，手握部位不允许超过护环；3）使用时必须两人进行，一人操作，一人监护；4）雨、雪、雾等恶劣天气严禁使用。

（3）简述数字万用表使用方法（本题分值2分，错答或漏答一条扣0.5分）。

答：1）根据被测量的性质、大小选择合适量程；2）测量时不需要区分正负极，极性接反时，结果为负；3）使用时注意手指不要接触表笔金属部分；4）使用过程中注意电池容量，电池报警时及时更换电池。

（4）说出标志 L1、L2、L3 三相相序的绝缘色（本题分值 3 分，回答错误扣 3 分）。

答：L1、L2、L3 三相相序的绝缘色是黄色、绿色、红色。

[试题 12] PLC 控制三相异步电动机正反转装调

1. 考核要求

（1）考试时间：120 min。

（2）考核方式：实操 + 笔试。

（3）本题分值：35 分。

（4）具体考核要求：按照电气安装规范，依据下图所示的主电路绘制 I/O 接线图正确完成 PLC 控制电动机两地正反转线路的安装、接线和调试。

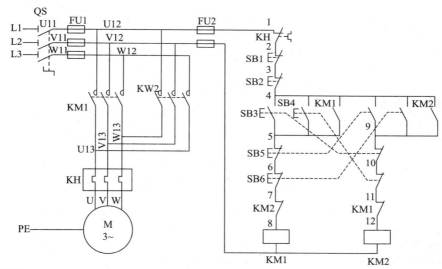

笔试部分：

（1）正确识读给定的电路图，将控制电路部分改为 PLC 控制，在答题纸上正确绘制 PLC 的 I/O 口（输入/输出）接线图并设计 PLC 梯形图。

（2）正确使用工具，简述使用接地线的注意事项。

答：

（3）正确使用仪表，简述使用万用表测量三极管放大倍数的方法。

答：

（4）安全文明生产，说明接地和接零按工作性质分为哪四种？

答：

操部作分：

（5）按照电气安装规范，将控制电路部分改为 PLC 控制，依据主电路和绘制的 I/O 接线图正确完成 PLC 控制电动机启动线路的安装和接线。

（6）正确编制程序并输入 PLC 中。

（7）通电试运行。

笔试部分答题纸：

（1）PLC 接线图。

（2）PLC 梯形图。

2. 准备内容

序号	名称	型号与规格	单位	数量	备注
1	电工通用工具	验电笔、钢丝钳、旋具（一字形和十字形）、电工刀、尖嘴钳、剥线钳、压接钳等	套	1	
2	万用表	MF47	块	1	
3	兆欧表	型号自定，500 V	台	1	
4	钳形电流表	0~50 A	块	1	
5	可编程控制器	型号自定，I/O 口 24 点以上	台	1	
6	编程用计算机或便携式编程器以及下载线	与 PLC 配套	套	1	

续表

序号	名称	型号与规格	单位	数量	备注
7	三相异步电动机	自定	台	1	
8	配线板	500 mm × 450 mm × 20 mm	块	2	
9	组合开关	与电动机配套	个	1	
10	交流接触器	与电动机配套	只	2	
11	热继电器	与电动机配套	只	1	
12	熔断器及熔芯配套	与电动机配套	套	3	
13	熔断器及熔芯配套	与接触器、PLC 配套	套	3	
14	三联按钮	LA10 – 3H 或 LA4 – 3H	个	2	
15	接线端子排	JX2 – 1015，500 V、10 A、15 节	条	1	
16	螺钉	$\phi3$ mm × 20 mm 或 $\phi3$ mm × 15 mm	个	40	
17	塑料软铜线	BVR – 2.5 mm^2	m	20	
18	塑料软铜线	BVR – 1.5 mm^2	m	20	
19	接线端头	UT2.5 – 4 mm	个	35	
20	行线槽	自定	条	5	
21	号码管	与导线配套	m	0.5	

3. 配分及评分标准

序号	考核内容	考核要点	配分	评分标准	扣分	得分
1	识图	正确识图 正确回答笔试问题	5	笔试部分见参考答案和评分标准 本项配分扣完为止		
2	工具的使用	正确使用工具 正确回答笔试问题	2	工具使用不正确，每次扣2分 笔试部分见参考答案和评分标准 本项配分扣完为止		
3	仪表的使用	正确使用仪表 正确回答笔试问题	2	仪表使用不正确，每次扣2分 笔试部分见参考答案和评分标准 本项配分扣完为止		

序号	考核内容	考核要点	配分	评分标准	扣分	得分
4	安全文明生产	（1）明确安全用电的主要内容 （2）操作过程符合文明生产要求	3	（1）笔试部分见参考答案和评分标准 （2）未经考评员同意私自通电扣 3 分 损坏设备扣 2 分 损坏工具、仪表扣 1 分 发生轻微触电事故扣 3 分 本项配分扣完为止		
5	安装布线	按照电气安装规范，依据电路图正确完成本次考核线路的安装和接线	8	（1）不按图接线，每处扣 1 分 （2）电源线和负载不经接线端子排接线，每根导线扣 1 分 （3）电器安装不牢固、不平整，不符合设计及产品技术文件的要求，每项扣 1 分 （4）电动机外壳没有接零或接地，扣 2 分 （5）导线裸露部分没有加套绝缘管，每处扣 1 分 本项配分扣完为止		
6	试运行	（1）通电前检测设备、元器件及电路 （2）通电试运行实现电路功能	15	（1）通电运行发生短路和开路现象扣 10 分 （2）通电运行异常，每项扣 5 分 本项配分扣完为止		
合计			35			

否定项：若考生发生重大设备和人身事故，应及时终止其考试，考生该试题成绩记为零分。

笔试部分参考答案和评分标准：

（1）绘制 PLC 的 I/O 接口图和梯形图（本题分值 5 分，每错一处扣 1 分）。

考评员依据具体考核要求，参考运行结果，对 I/O 接口图和梯形图进行评分。

（2）简述接地线使用注意事项（本题分值 2 分，错答或漏答一条扣 0.5 分）。

答：1）根据不同的电压等级，选择不同接地线，接地线使用前必须进行检查，确保完好；2）挂接接地线之前必须验电；3）工作地点两端挂接接地线，保证接地线接地性能良好；4）使用完毕必须及时拆除接地线。

（3）简述使用万用表测量三极管放大倍数的方法（本题分值 2 分，错答或漏答一条扣

0.5 分）。

答：1）用电阻挡测试管脚间正反向电阻，判断管型和基极；2）使用 hFE 挡位，依据管型和基极选择三极管测试插座；3）假设集电极和发射极，测试两次放大倍数；4）放大倍数大的一次结果有效，并且假设的集电极和发射极正确。

（4）接地和接零按工作性质分为哪四种？（本题分值 3 分，回答错误扣 3 分）

答：接地和接零按工作性质分为工作接地、保护接地、重复接地、保护接零。

[试题 13]　双向晶闸管调光电路的测量和维修

1. 考核要求

（1）考试时间：60 min。

（2）考核方式：实操 + 笔试。

（3）试卷抽取方式：由考生随机抽取故障序号。

（4）本题分值：30 分。

（5）具体考核要求：双向晶闸管调光电路的测量和维修。

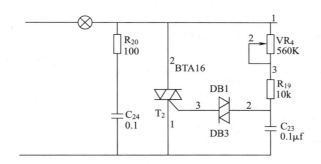

笔试部分：

（1）正确识读给定的电路图，回答电位器 VR4 变大时，灯泡的亮度如何变化？

答：

（2）正确使用工具，简述使用电烙铁的注意事项。

答：

（3）正确使用仪表，简述直流单臂电桥的使用方法。

答：

（4）安全文明生产，回答电气安全用具使用注意事项？

答：

操作部分：排除3处故障，其中线路故障1处，器件故障2处。

（5）在不带电状态下查找故障点并在原理图上标注。

（6）排除故障，恢复电路功能。

（7）通电运行，实现电路的各项功能。

2. 准备内容

序号	名称	型号与规格	单位	数量	备注
	电烙铁、烙铁架、焊料与焊剂	与线路板和元器件配套	套	1	
1	电子通用工具	旋具（一字形和十字形）、电工刀、尖嘴钳、斜嘴钳、剥线钳、镊子等	套	1	
2	万用表	MF47	块	1	
3	直流稳压电源	0～36 V	台	1	
4	信号发生器	与电路功能配套	台	1	
5	示波器	与电路功能配套	台	1	
6	单相交流电源	～220 V	处	1	
7	焊接电路板	自配			
8	电子元件	按图自行配备	块	2	
9	塑料单芯铜线	BVR－0.5 mm^2	m	1	

3. 配分及评分标准

故障点代码＿＿＿、＿＿＿、＿＿＿。（由考生随机抽取，考评员填写）

序号	考核项目	考核要求	配分	评分标准	扣分	得分
1	识图	正确识图 正确回答笔试问题	5	笔试部分见参考答案和评分标准		
2	工具的使用	正确使用工具 正确回答笔试问题	2	工具使用不正确，每次扣2分 笔试部分见参考答案和评分标准 本项配分扣完为止		
3	仪表的使用	正确使用仪表 正确回答笔试问题	2	仪表使用不正确，每次扣2分 笔试部分见参考答案和评分标准 本项配分扣完为止		

续表

序号	考核项目	考核要求	配分	评分标准	扣分	得分
4	安全文明生产	（1）明确安全用电的主要内容 （2）操作过程符合文明生产要求	3	（1）笔试部分见参考答案和评分标准 （2）未经考评员同意私自通电扣3分 损坏设备扣2分 损坏工具、仪表扣1分 发生轻微触电事故扣3分 本项配分扣完为止		
5	故障查找	找出故障点，在原理图上标注	10	错标或漏标故障点，每处扣5分 本项配分扣完为止		
6	故障排除	排除电路各处故障	3	（1）每少排除1处故障点扣2分 （2）排除故障时产生新的故障后不能自行修复，扣2分 本项配分扣完为止		
7	通电运行	（1）通电前检测设备、元器件及电路 （2）电路各项功能恢复正常	5	（1）通电运行发生短路和开路现象扣5分 （2）通电运行出现异常，每处扣2分 本项配分扣完为止		
合计			30			

否定项：若考生发生重大设备和人身事故，应及时终止其考试，考生该试题成绩记为零分。

笔试部分参考答案和评分标准：

（1）回答电位器 VR4 变大时，灯泡的亮度如何变化？（本题分值5分，每错一处扣2分，扣完为止）

答：1）电位器 VR4 越大，电容器 C23 充电越慢；2）晶闸管在每个周期中导通越迟；3）灯泡两端的电压越低；4）灯泡的亮度越低。

（2）简述使用电烙铁的注意事项（本题分值2分，错答或漏答一条扣0.5分）。

答：1）要依据元件大小选择合适功率的电烙铁；2）烙铁头和管脚引线焊接之前要先搪锡；3）电烙铁不用时要搁置在烙铁架上，使用过程中不准甩锡；4）焊接集成电路时要接地或断电焊接，使用完毕及时断电。

（3）简述直流单臂电桥的使用方法（本题分值2分，错答或漏答一条扣0.5分）。

答：1）检流计调零；2）依据电阻粗测值选择合适的比例臂和比较臂，3）按下电源 B 和检流计 G，观察检流计指针偏转方向，增减比较臂电阻；4）检流计指向零位时，比较臂电阻乘以比例臂为电阻阻值。

（4）回答电气安全用具使用注意事项（本题分值 3 分，回答错误扣 3 分）。

答：1）安全用具的电压等级低于作业设备的电压等级不可使用；2）安全用具有缺陷不可使用；3）安全用具潮湿不可使用。

[试题 14] 串联稳压电路的测量和维修

1. 考核要求

（1）考试时间：60 min。

（2）考核方式：实操 + 笔试。

（3）试卷抽取方式：由考生随机抽取故障序号。

（4）本题分值：30 分。

（5）具体考核要求：串联稳压电路的测量和维修。

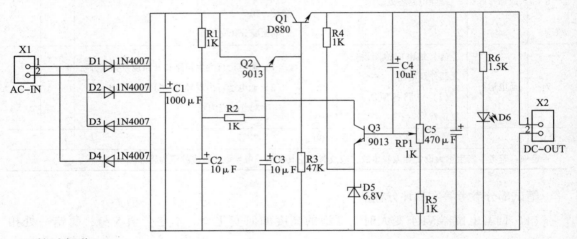

笔试部分：

（1）正确识读给定的电路图，回答电路如何实现调压？

答：

（2）正确使用工具，简述使用手动吸锡器的注意事项。

答：

（3）正确使用仪表，简述使用直流双臂电桥的方法。

答：

（4）安全文明生产，回答在一般情况下和在金属容器内，行灯的最高工作电压是多少？

答：

操作部分：排除 3 处故障，其中线路故障 1 处，器件故障 2 处。

（5）在不带电状态下查找故障点并在原理图上标注。

（6）排除故障，恢复电路功能。

（7）通电运行，实现电路的各项功能。

2. 准备内容

序号	名称	型号与规格	单位	数量	备注
	电烙铁、烙铁架、焊料与焊剂	与线路板和元器件配套	套	1	
1	电子通用工具	旋具（一字形和十字形）、电工刀、尖嘴钳、斜嘴钳、剥线钳、镊子等	套	1	
2	万用表	MF47	块	1	
3	直流稳压电源	0～36 V	台	1	
4	信号发生器	与电路功能配套	台	1	
5	示波器	与电路功能配套	台	1	
6	单相交流电源	～220 V	处	1	
7	焊接电路板	自配			
8	电子元件	按图自行配备	块	2	
9	塑料单芯铜线	BVR－0.5 mm²	m	1	

3. 配分及评分标准

故障点代码____、____、____。（由考生随机抽取，考评员填写）

序号	考核项目	考核要求	配分	评分标准	扣分	得分
1	识图	正确识图 正确回答笔试问题	5	笔试部分见参考答案和评分标准		
2	工具的使用	正确使用工具 正确回答笔试问题	2	工具使用不正确，每次扣 2 分 笔试部分见参考答案和评分标准 本项配分扣完为止		
3	仪表的使用	正确使用仪表 正确回答笔试问题	2	仪表使用不正确，每次扣 2 分 笔试部分见参考答案和评分标准 本项配分扣完为止		

续表

序号	考核项目	考核要求	配分	评分标准	扣分	得分
4	安全文明生产	（1）明确安全用电的主要内容 （2）操作过程符合文明生产要求	3	（1）笔试部分见参考答案和评分标准 （2）未经考评员同意私自通电扣3分 损坏设备扣2分 损坏工具、仪表扣1分 发生轻微触电事故扣3分 本项配分扣完为止		
5	故障查找	找出故障点，在原理图上标注	10	错标或漏标故障点，每处扣5分 本项配分扣完为止		
6	故障排除	排除电路各处故障	3	（1）每少排除1处故障点扣2分 （2）排除故障时产生新的故障后不能自行修复，扣2分 本项配分扣完为止		
7	通电运行	（1）通电前检测设备、元器件及电路 （2）电路各项功能恢复正常	5	（1）通电运行发生短路和开路现象扣5分 （2）通电运行出现异常，每处扣2分 本项配分扣完为止		
合计			30			

否定项：若考生发生重大设备和人身事故，应及时终止其考试，考生该试题成绩记为零分。

笔试部分参考答案和评分标准：

（1）回答电路如何实现调压？（本题分值5分，每错一处扣2分，扣完为止）

答：1）向上/向下调节电阻RP1，Q3的基极电位增大/减小，集电极电流也随之增大/减小；2）Q3集电极电流变化使Q2、Q1的基极电位发生减小/增大；3）Q2、Q1的基极电位发生变化，使得Q2、Q1的发射极电位随之减小/增大；4）输出电压随之减小/增大。

（2）简述使用手动吸锡器的注意事项（本题分值2分，错答或漏答一条扣0.5分）。

答：1）要依据元件焊点大小选择合适规格的吸锡器；2）吸锡器使用前要清理吸管内的焊锡，保证活塞动作顺畅；3）检查吸锡器吸管的气密性，保证足够的吸力；4）吸锡头用旧后要及时更换新的。

（3）简述直流双臂电桥的使用方法（本题分值2分，错答或漏答一条扣0.4分）。

答：1）检流计调零；2）依据电阻粗测值选择合适的比例臂和比较臂；3）按照四端电阻的接线方法把电阻接到双臂电桥上；4）按下电源B和检流计G，观察检流计指针偏转方向，增减比较臂电阻；5）检流计指向零位时，比较臂电阻乘以比例臂为电阻阻值。

（4）回答一般情况下和在金属容器内，行灯的最高工作电压是多少（本题分值 3 分，回答错误扣 3 分）。

答：一般情况下行灯的最高工作电压是 36 V，在金属容器内行灯的最高工作电压是 12 V。

［试题 15］ 三端稳压电路的测量和维修

1. 考核要求：

（1）考试时间：60 min。

（2）考核方式：实操 + 笔试。

（3）试卷抽取方式：由考生随机抽取故障序号。

（4）本题分值：30 分。

（5）具体考核要求：三端稳压电路的测量和维修。

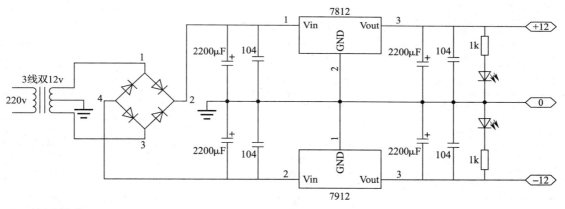

笔试部分：

（1）正确识读给定的电路图，回答整流桥中一只整流二极管开路，电路会出现什么情况？

答：

（2）正确使用工具，简述使用热风枪的注意事项。

答：

（3）正确使用仪表，简述示波器的使用方法。

答：

（4）安全文明生产，回答直接接触的防护措施有哪些？

答：

操作部分：排除 3 处故障，其中线路故障 1 处，器件故障 2 处。

（5）在不带电状态下查找故障点并在原理图上标注。

（6）排除故障，恢复电路功能。

（7）通电运行，实现电路的各项功能。

2. 准备内容

序号	名称	型号与规格	单位	数量	备注
	电烙铁、烙铁架、焊料与焊剂	与线路板和元器件配套	套	1	
1	电子通用工具	旋具（一字形和十字形）、电工刀、尖嘴钳、斜嘴钳、剥线钳、镊子等	套	1	
2	万用表	MF47	块	1	
3	直流稳压电源	0～36 V	台	1	
4	信号发生器	与电路功能配套	台	1	
5	示波器	与电路功能配套	台	1	
6	单相交流电源	～220 V	处	1	
7	焊接电路板	自配			
8	电子元件	按图自行配备	块	2	
9	塑料单芯铜线	BVR – 0.5 mm^2	m	1	

3. 配分及评分标准

故障点代码____、____、____。（由考生随机抽取，考评员填写）

序号	考核项目	考核要求	配分	评分标准	扣分	得分
1	识图	正确识图 正确回答笔试问题	5	笔试部分见参考答案和评分标准		
2	工具的使用	正确使用工具 正确回答笔试问题	2	工具使用不正确，每次扣 2 分 笔试部分见参考答案和评分标准 本项配分扣完为止		
3	仪表的使用	正确使用仪表 正确回答笔试问题	2	仪表使用不正确，每次扣 2 分 笔试部分见参考答案和评分标准 本项配分扣完为止		

序号	考核项目	考核要求	配分	评分标准	扣分	得分
4	安全文明生产	（1）明确安全用电的主要内容 （2）操作过程符合文明生产要求	3	（1）笔试部分见参考答案和评分标准 （2）未经考评员同意私自通电扣3分 损坏设备扣2分 损坏工具、仪表扣1分 发生轻微触电事故扣3分 本项配分扣完为止		
5	故障查找	找出故障点，在原理图上标注	10	错标或漏标故障点，每处扣5分 本项配分扣完为止		
6	故障排除	排除电路各处故障	3	（1）每少排除1处故障点扣2分 （2）排除故障时产生新的故障后不能自行修复，扣2分 本项配分扣完为止		
7	通电运行	（1）通电前检测设备、元器件及电路 （2）电路各项功能恢复正常	5	（1）通电运行发生短路和开路现象扣5分 （2）通电运行出现异常，每处扣2分 本项配分扣完为止		
合计			30			

否定项：若考生发生重大设备和人身事故，应及时终止其考试，考生该试题成绩记为零分。

笔试部分参考答案和评分标准：

（1）回答整流桥中一只整流二极管开路，电路会出现什么情况？（本题分值5分，每错一处扣2分，扣完为止）

答：1）二次侧有一个绕组只工作半个周期，变成半波整流；2）造成其中一个三端稳压器的输入电压降低；3）三端集成稳压器的输出不稳定，无法输出。

（2）简述使用热风枪的注意事项（本题分值2分，错答或漏答一条扣0.5分）。

答：1）不要直接触摸热风枪前段金属管；2）根据元件大小选择合适的温度和距离；3）不要堵塞热风枪的进风口和出风口；4）暂时不用时及时断开电源，待热风枪完全冷却后整理收纳。

（3）简述示波器的使用方法（本题分值2分，错答或漏答一条扣0.4分）。

答：1）调节示波器的亮度和聚焦；2）依据输入信号性质选择输入信号开关和触发信号；3）依据输入信号大小和频率调节幅度衰减开关和扫描速度开关；4）调节微调旋钮到

校准位置，调节触发时间调节旋钮使图形稳定；5）根据信号波形读数，计算大小和频率。

（4）回答直接接触的防护措施有哪些？（本题分值3分，回答错误扣3分）

答：直接接触的防护措施有绝缘、屏护、间距、采用安全电压，限制能耗和电气安全联锁等。

[试题16] 单结晶体管触发电路的测量和维修

1. 考核要求：

（1）考试时间：60 min。

（2）考核方式：实操＋笔试。

（3）试卷抽取方式：由考生随机抽取故障序号。

（4）本题分值：30 分。

（5）具体考核要求：单结晶体管触发电路的测量和维修

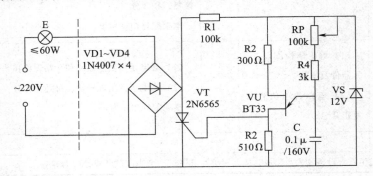

笔试部分：

（1）正确识读给定的电路图，回答图中稳压二极管的作用。

答：

（2）正确使用工具，简述使用手电钻的注意事项。

答：

（3）正确使用仪表，简述信号发生器的使用方法。

答：

（4）安全文明生产，回答安全间距的大小决定于哪些因素？

答：

操作部分：排除 3 处故障，其中线路故障 1 处，器件故障 2 处。

（5）在不带电状态下查找故障点并在原理图上标注。

（6）排除故障，恢复电路功能。

（7）通电运行，实现电路的各项功能。

2. 准备内容

序号	名称	型号与规格	单位	数量	备注
1	电烙铁、烙铁架、焊料与焊剂	与线路板和元器件配套	套	1	
	电子通用工具	旋具（一字形和十字形）、电工刀、尖嘴钳、斜嘴钳、剥线钳、镊子等	套	1	
2	万用表	MF47	块	1	
3	直流稳压电源	0～36 V	台	1	
4	信号发生器	与电路功能配套	台	1	
5	示波器	与电路功能配套	台	1	
6	单相交流电源	～220 V	处	1	
7	焊接电路板	自配			
8	电子元件	按图自行配备	块	2	
9	塑料单芯铜线	BVR－0.5 mm^2	m	1	

3. 配分及评分标准

故障点代码____、____、____。（由考生随机抽取，考评员填写）

序号	考核项目	考核要求	配分	评分标准	扣分	得分
1	识图	正确识图 正确回答笔试问题	5	笔试部分见参考答案和评分标准		
2	工具的使用	正确使用工具 正确回答笔试问题	2	工具使用不正确，每次扣 2 分 笔试部分见参考答案和评分标准 本项配分扣完为止		
3	仪表的使用	正确使用仪表 正确回答笔试问题	2	仪表使用不正确，每次扣 2 分 笔试部分见参考答案和评分标准 本项配分扣完为止		
4	安全文明生产	（1）明确安全用电的主要内容 （2）操作过程符合文明生产要求	3	（1）笔试部分见参考答案和评分标准 （2）未经考评员同意私自通电扣 3 分 损坏设备扣 2 分 损坏工具、仪表扣 1 分 发生轻微触电事故扣 3 分 本项配分扣完为止		

续表

序号	考核项目	考核要求	配分	评分标准	扣分	得分
5	故障查找	找出故障点，在原理图上标注	10	错标或漏标故障点，每处扣 5 分 本项配分扣完为止		
6	故障排除	排除电路各处故障	3	（1）每少排除 1 处故障点扣 2 分 （2）排除故障时产生新的故障后不能自行修复，扣 2 分 本项配分扣完为止		
7	通电运行	（1）通电前检测设备、元器件及电路 （2）电路各项功能恢复正常	5	（1）通电运行发生短路和开路现象扣 5 分 （2）通电运行出现异常，每处扣 2 分 本项配分扣完为止		
合计			30			

否定项：若考生发生重大设备和人身事故，应及时终止其考试，考生该试题成绩记为零分。

笔试部分参考答案和评分标准：

（1）回答图中稳压二极管的作用（本题分值 5 分，每错一处扣 2 分，扣完为止）。

答：1）将正弦波削峰变成梯形波，用于同步；2）保证单结晶体管直流电源电压稳定；3）保证第一个触发脉冲触发时间不受电源波动的影响。

（2）简述使用手电钻的注意事项（本题分值 2 分，错答或漏答一条扣 0.5 分）。

答：1）使用前检查线缆是否完好，手电钻是否漏电；2）采用正确的操作姿势，避免单手操作；3）清理钻头废屑或更换钻头必须断开电源；4）注意钻头的旋转方向，用力不要过大；5）使用手电钻时严禁戴棉线手套，注意手指不要接触钻头。

（3）简述信号发生器的使用方法（本题分值 2 分，错答或漏答一条扣 0.5 分）。

答：1）选择波形种类；2）选择波形频率；3）选择波形幅值；4）选择调制类型。

（4）回答安全间距的大小决定于哪些因素？（本题分值 3 分，回答错误扣 3 分）

答：安全间距的大小决定于电压的高低、电气设备的类型及安装方式等因素。

[试题 17] RC 阻容放大电路的测量和维修

1. 考核要求

（1）考试时间：60 min。

（2）考核方式：实操 + 笔试。

（3）试卷抽取方式：由考生随机抽取故障序号。

（4）本题分值：30 分。

（5）具体考核要求：RC 阻容放大电路的测量和维修。

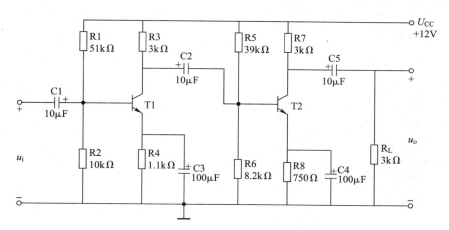

笔试部分：

（1）正确识读给定的电路图，回答图中如何保证静态工作点的稳定？

答：

（2）正确使用工具，简述使用电动吸锡器的注意事项。

答：

（3）正确使用仪表；简述示波器使用的注意事项。

答：

（4）安全文明生产，回答安装行灯时应符合哪些要求？

答：

操作部分：排除 3 处故障，其中线路故障 1 处，器件故障 2 处。

（5）在不带电状态下查找故障点并在原理图上标注。

（6）排除故障，恢复电路功能。

（7）通电运行，实现电路的各项功能。

2. 准备内容

序号	名称	型号与规格	单位	数量	备注
1	电烙铁、烙铁架、焊料与焊剂	与线路板和元件配套	套	1	
	电子通用工具	旋具（一字形和十字形）、电工刀、尖嘴钳、斜嘴钳、剥线钳、镊子等	套	1	
2	万用表	MF47	块	1	
3	直流稳压电源	0~36 V	台	1	
4	信号发生器	与电路功能配套	台	1	
5	示波器	与电路功能配套	台	1	
6	单相交流电源	~220 V	处	1	
7	焊接电路板	自配			
8	电子元件	按图自行配备	块	2	
9	塑料单芯铜线	BVR – 0.5 mm^2	m	1	

3. 配分及评分标准

故障点代码____、____、____。（由考生随机抽取，考评员填写）

序号	考核项目	考核要求	配分	评分标准	扣分	得分
1	识图	正确识图 正确回答笔试问题	5	笔试部分见参考答案和评分标准		
2	工具的使用	正确使用工具 正确回答笔试问题	2	工具使用不正确，每次扣2分 笔试部分见参考答案和评分标准 本项配分扣完为止		
3	仪表的使用	正确使用仪表 正确回答笔试问题	2	仪表使用不正确，每次扣2分 笔试部分见参考答案和评分标准 本项配分扣完为止		
4	安全文明生产	（1）明确安全用电的主要内容 （2）操作过程符合文明生产要求	3	（1）笔试部分见参考答案和评分标准 （2）未经考评员同意私自通电扣3分 损坏设备扣2分 损坏工具、仪表扣1分 发生轻微触电事故扣3分 本项配分扣完为止		
5	故障查找	找出故障点，在原理图上标注	10	错标或漏标故障点，每处扣5分 本项配分扣完为止		

续表

序号	考核项目	考核要求	配分	评分标准	扣分	得分
6	故障排除	排除电路各处故障	3	（1）每少排除 1 处故障点扣 2 分 （2）排除故障时产生新的故障后不能自行修复，扣 2 分 本项配分扣完为止		
7	通电运行	（1）通电前检测设备、元器件及电路 （2）电路各项功能恢复正常	5	（1）通电运行发生短路和开路现象扣 5 分 （2）通电运行出现异常，每处扣 2 分 本项配分扣完为止		
合计			30			

否定项：若考生发生重大设备和人身事故，应及时终止其考试，考生该试题成绩记为零分。

笔试部分参考答案和评分标准：

（1）回答图中如何保证静态工作点的稳定？（本题分值 5 分，每错一处扣 2 分，扣完为止）

答：1）利用耦合电容作隔离，保证前后级之间相互不干扰；2）采用分压式偏置电路，基极电位比较稳定；3）发射极电阻具有直流负反馈作用，能自动稳定静态工作点。

（2）简述使用电动吸锡器的注意事项（本题分值 2 分，错答或漏答一条扣 0.5 分）。

答：1）依据元件管脚引线粗细选择合适规格的吸嘴；2）依据焊点大小选择合适的温度；3）吸锡器使用前要清理吸嘴和吸管内的焊锡，保证吸锡通畅；4）使用一段时间后及时更换过滤片，保证足够的吸力。

（3）简述简述示波器使用的注意事项（本题分值 2 分，错答或漏答一条扣 0.4 分）。

答：1）示波器接通电源后需要预热数分钟后才能使用；2）不要频繁开关示波器；3）荧光屏上光点或波形的亮度适当，光点不要长时间停留在一点上；4）精确测量时，垂直微调旋钮和扫描微调旋钮均要处于校准位置；5）示波器的接地端与信号接地端应接在一起，同时注意两个输入信号的接地端是连通，使用时要防止造成短路。

（4）回答安装行灯时应符合哪些要求？（本题分值 3 分，错答或漏答一条扣 1 分）

答：1）行灯的安装应符合要求，电压不得超过 36 V，金属容器内使用时，电压不得超过 12 V；2）灯体和手柄应绝缘良好，坚固耐热，耐潮湿，灯头与灯体结合坚固，灯头应无开关；3）灯泡外部应有金属保护网，其金属网反光罩和悬吊挂钩，均应固定在灯具的绝缘部分上。

[试题18] RC桥式振荡电路的测量和维修

1. 考核要求

（1）考试时间：60 min。

（2）考核方式：实操＋笔试。

（3）试卷抽取方式：由考生随机抽取故障序号。

（4）本题分值：30分。

（5）具体考核要求：RC桥式振荡电路的测量和维修。

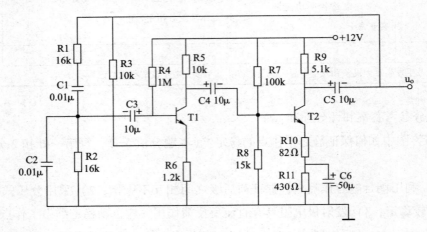

笔试部分：

（1）正确识读给定的电路图，回答电路工作原理？

答：

（2）正确使用工具，简述使用电动旋具的注意事项。

答：

（3）正确使用仪表，简述使用信号发生器的注意事项。

答：

（4）安全文明生产，回答用电安全的基本要素有哪些要求？

答：

操作部分：排除3处故障，其中线路故障1处，器件故障2处。

（5）在不带电状态下查找故障点并在原理图上标注。

（6）排除故障，恢复电路功能。

（7）通电运行，实现电路的各项功能。

2. 准备内容

序号	名称	型号与规格	单位	数量	备注
1	电烙铁、烙铁架、焊料与焊剂	与线路板和元器件配套	套	1	
	电子通用工具	旋具（一字形和十字形）、电工刀、尖嘴钳、斜嘴钳、剥线钳、镊子等	套	1	
2	万用表	MF47	块	1	
3	直流稳压电源	0~36 V	台	1	
4	信号发生器	与电路功能配套	台	1	
5	示波器	与电路功能配套	台	1	
6	单相交流电源	~220 V	处	1	
7	焊接电路板	自配			
8	电子元件	按图自行配备	块	2	
9	塑料单芯铜线	BVR-0.5 mm^2	m	1	

3. 配分及评分标准

故障点代码＿＿＿、＿＿＿、＿＿＿。（由考生随机抽取，考评员填写）

序号	考核项目	考核要求	配分	评分标准	扣分	得分
1	识图	正确识图 正确回答笔试问题	5	笔试部分见参考答案和评分标准		
2	工具的使用	正确使用工具 正确回答笔试问题	2	工具使用不正确，每次扣2分 笔试部分见参考答案和评分标准 本项配分扣完为止		
3	仪表的使用	正确使用仪表 正确回答笔试问题	2	仪表使用不正确，每次扣2分 笔试部分见参考答案和评分标准 本项配分扣完为止		
4	安全文明生产	（1）明确安全用电的主要内容 （2）操作过程符合文明生产要求	3	（1）笔试部分见参考答案和评分标准 （2）未经考评员同意私自通电扣3分 损坏设备扣2分 损坏工具、仪表扣1分 发生轻微触电事故扣3分 本项配分扣完为止		

续表

序号	考核项目	考核要求	配分	评分标准	扣分	得分
5	故障查找	找出故障点，在原理图上标注	10	错标或漏标故障点，每处扣5分 本项配分扣完为止		
6	故障排除	排除电路各处故障	3	（1）每少排除1处故障点扣2分 （2）排除故障时产生新的故障后不能自行修复，扣2分 本项配分扣完为止		
7	通电运行	（1）通电前检测设备、元器件及电路 （2）电路各项功能恢复正常	5	（1）通电运行发生短路和开路现象扣5分 （2）通电运行出现异常，每处扣2分 本项配分扣完为止		
合计			30			

否定项：若考生发生重大设备和人身事故，应及时终止其考试，考生该试题成绩记为零分。

笔试部分参考答案和评分标准：

（1）回答电路工作原理（本题分值5分，每错一处扣2分，扣完为止）。

答：1）R1、C1、R2、C2组成选频电路，特定频率的信号才能保证选频网络的输出与输入同相；2）T1、T2及其偏置电路组成两级放大电路，保证输出信号与输入信号同步；3）将放大电路输出信号通过选频网络回送到放大电路输入端，满足频率要求的信号将形成正反馈，产生振荡。

（2）简述使用电动旋具的注意事项（本题分值2分，错答或漏答一条扣0.5分）。

答：1）依据螺钉大小选择合适的旋具头，调节好扭矩；2）通电前检查开关是否处于关闭位置，不用时及时关闭电源；3）更换旋具头时要断开电源；4）不摔打、撞击电动旋具。

（3）简述使用信号发生器的注意事项（本题分值2分，错答或漏答一条扣0.5分）。

答：1）信号发生器通电源后需要预热10 min后才能输出稳定信号；2）信号发生器接入电路时要注意共地，以防止干扰；3）信号发生器的输出端不能对地短路；4）当信号发生器经衰减器输出时，只提供电压信号，不能带负载。

（4）回答用电安全的基本要素有哪些要求？（本题分值3分，错答或漏答一条扣1分）

答：用电安全的基本要素有：电气绝缘良好，保证安全距离，线路与插座容量与设备功率相适宜，具有明显、准确的标志。

第三部分 模 拟 试 卷

理论知识考核模拟试卷 （一）

一、单项选择题 （1~80题为单项选择题，在每题的选项中，只有一个是正确的，请将正确答案的代号填在横线空白处，每题1分，共80分）

1. 电气设备短路保护应该用_____。

A.

B.

C.

D.

2. 把线圈额定电压为220 V的交流接触器线圈误接入380 V的交流电源上会发生的问题是_____。

    A. 接触器正常工作   B. 接触器产生强烈震动

    C. 烧毁线圈   D. 烧毁触点

3. 低压开关一般是_____。

    A. 非自动切换电器   B. 半自动切换电器

    C. 自动切换电器   D. 制动控制电器

4. 一台20 kW的三相异步电动机短路保护，应选用下列_____A的熔体。

    A. 40   B. 80   C. 150   D. 200

5. 转子绕组串电阻启动适用于_____。

    A. 笼型异步电动机   B. 绕线式异步电动机

    C. 串励直流电动机   D. 并励直流电动机

6. 热继电器金属片弯曲是_____造成的。

    A. 强度不同   B. 温差效应   C. 温度变化   D. 热膨胀系数不同

7. 热继电器用作电动机的过载保护，适用于_____。

    A. 重载间断工作的电动机   B. 频繁启动与停止的电动机

    C. 连续工作的电动机   D. 任何工作制的电动机

8. 辅助触点的额定电流一般为_____A。

    A. 20   B. 10   C. 5   D. 1

9. 绿色按钮用于_____。

    A. 运行控制   B. 停止控制   C. 联锁控制   D. 自锁控制

10. 控制变压器不能给_____供电。

    A. 指示灯   B. 接触器   C. 快速电动机   D. 电磁阀

11. 黄色指示灯用于_____。

    A. 正在运行   B. 系统正常   C. 温度异常   D. 没有特定意义

12. 空气式时间继电器比晶体管时间继电器的延时范围_____。

    A. 大   B. 小   C. 相等   D. 可大可小

13. 只能实现断电延时的是_____时间继电器。

    A. 电磁式   B. 晶体管式   C. 电动式   D. 空气式

14. 电子计数器的计数方式是_____。

    A. 加法计数   B. 减法计数   C. 可逆计数   D. 都可以

15. 速度继电器的速度一般超过_____r/min，触点将动作。

    A. 100   B. 120   C. 220   D. 500

16. 行程开关可以把_____转换为电信号。

    A. 运行距离   B. 运行速度   C. 运行时间   D. 运行力矩

17. 速度继电器的作用是_____。

    A. 限制运行速度 B. 速度测量   C. 反接制动   D. 控制电动机方向

18. Y－△降压启动适用于_____笼型电动机。

    A. Y联结   B. △联结   C. YY联结   D. 以上选项都正确

19. 行程控制电路中，各个接触器的常闭触点互相串联在对方接触器线圈电路中，其目的是_____。

A. 保证两个接触器不能同时动作　　　　B. 能灵活控制电动机正反转运行

C. 保证两个接触器可靠工作　　　　　　D. 起自锁作用

20. 三相笼型异步电动机能耗制动是将正在运转的电动机从交流电源上切除后，_____。

A. 在定子绕组中串入电阻　　　　　　　B. 在定子绕组中通入直流电流

C. 重新接入反相序电源　　　　　　　　D. 以上说法都不正确

21. 绕线式电动机转子串电阻启动过程中，电阻器阻值_____。

A. 逐渐增加　　　B. 逐渐减少　　　C. 固定不变　　　D. 突然变小

22. 对于要求制动准确、平稳的场合，应采用_____制动。

A. 反接　　　　　B. 能耗　　　　　C. 电容　　　　　D. 再生发电

23. M7130 型平面磨床的加工过程中的自动进给运动是靠_____实现的。

A. 进给电动机　　B. 液压系统　　　C. 电磁离合器　　D. 手动

24. 磨床磨削的主运动是_____。

A. 砂轮的旋转运动　　　　　　　　　　B. 砂轮的进给运动

C. 工件的旋转运动　　　　　　　　　　D. 工作台的进给运动

25. C6150 型车床的主轴电动机不安装热继电器的主要原因是_____。

A. 节省制造成本　　　　　　　　　　　B. 主轴电动机属于周期工作制

C. 由断路器 QF1 提供过载保护　　　　　D. 主轴电动机属于短时工作制

26. C6150 型车床的主轴正反转是通过_____实现的。

A. 电动机正反转　　　　　　　　　　　B. 机械换向

C. 液压换向　　　　　　　　　　　　　D. 电磁离合器换向

27. Z3040 型摇臂钻床的摇臂升降松紧是_____完成的。

A. 手动　　　　　B. 半自动　　　　C. 自动　　　　　D. 程序

28. Z3040 型摇臂钻床的主轴松紧和摇臂松紧的顺序关系是_____。

A. 同时松紧　　　B. 主轴先松　　　C. 摇臂先松　　　D. 无法确定

29. 电气测绘时，一般先_____，最后测绘各回路。

A. 输入端　　　　B. 主干线　　　　C. 简单后复杂　　D. 主线路

30. 机床的电气连接，所有接线应_____。

A. 连接可靠，不得松动　　　　　　　　B. 长度合适，不得松动

C. 整齐，松紧适度　　　　　　　　　　D. 除锈，可以松动

31. 三线接近开关的输出线颜色是_____。

A. 棕色　　　　　B. 黑色　　　　　C. 蓝色　　　　　D. 红色

32. 电容式、电感式接近开关内部都有_____、信号处理电路和放大输出电路。

    A. 振荡电路   B. 发射电路   C. 接收电路   D. 保护电路

33. 接近开关的设定距离为额定动作距离的_____。

    A. 60%   B. 80%   C. 100%   D. 120%

34. 只能检测磁性材料的接近开关是_____。

    A. 电感式   B. 电容式   C. 光电式   D. 磁式

35. 相邻两个非埋入式接近开关的距离 L 与光电开关直径 d 的关系是_____。

    A. $L \leq d$ B. $L \geq d$ C. $L \geq 2d$ D. $L \geq 3d$

36. 电源正极的颜色英文缩写为_____。

    A. BK   B. BU   C. BL   D. WH

37. 大多数光电开关发射的是_____。

    A. 可见光   B. 红外线   C. 激光   D. 紫外线

38. 检测微小的物体时，应选用_____光电开关。

    A. 对射式   B. 反射式   C. 漫射式   D. 光纤式

39. 当被测物体表面是光滑金属面时，应将光电开关发光器与被测物体安装成_____夹角。

    A. 5°～10°   B. 10°～20°   C. 30°～60°   D. 60°～90°

40. 当一块通有_____的金属薄片垂直放入磁场，薄片两端会产生电位差。

    A. 直流电流   B. 交流电流   C. 脉冲电流   D. 没有电流

41. 光电编码器不能测量的是_____。

    A. 速度   B. 角度   C. 距离   D. 转矩

42. 增量型编码器 Z 信号的作用是_____。

    A. 旋转方向指示   B. 超速报警输出

    C. 零位参考位置   D. 零速输出

43. 编码器与电动机的轴不能直接连接，一般采用_____连接。

    A. 齿轮   B. 传动带   C. 柔性联轴器   D. 链条

44. 光电编码器通过判断_____来判定旋转方向。

    A. A、B 两组输出信号的相位差   B. A、Z 两组输出信号的相位差

    C. Z、B 两组输出信号的相位差   D. Z 脉冲的极性

45. 各 PLC 厂商都把_____作为第一编程语言。

    A. 梯形图   B. 指令表   C. 功能图   D. 高级编程语言

46. 不能直接和右母线相连的是_____继电器。

  A. 输入继电器 B. 输出继电器   C. 定时间   D. 计数器

47. PLC 的接地端子应_____接地。

  A. 通过水管 B. 串联   C. 独立   D. 任意

48. PLC 的工作方式是_____。

  A. 循环扫描 B. 单次扫描   C. 同步扫描   D. 隔行扫描

49. 在程序执行阶段，输入端信号发生变化时，_____。

  A. 程序立即响应变化   B. 程序继续执行，直到下次扫描才响应

  C. 当前未执行的程序立刻响应 D. PLC 重新启动才能响应

50. PLC 在 STOP 状态下只进行_____操作。

  A. 系统自检、通信处理   B. 系统自检、I/O 扫描

  C. 扫描输入、执行程序   D. 系统自检、执行程序

51. 继电器输出适用于_____。

  A. 交流高频和交流低频负载 B. 直流高频和直流低频负载

  C. 交流高频和直流高频负载 D. 交流低频和直流低频负载

52. PLC 的输出回路电源类型由_____决定。

  A. 负载

  B. PLC 输出端子类型

  C. PLC 输出端子类型和负载 D. PLC 输出端子类型或负载

53. 各品牌 PLC 的编程软件是_____。

  A. 各品牌专用的 B. 各品牌通用 C. 部分品牌通用 D. 一样的

54. 共用一个公共端的同一组输出的负载驱动电源_____。

  A. 类型须相同，电压等级可不同 B. 类型可不相同，电压等级须同

  C. 类型和电压等级都可以不相同 D. 类型和电压等级都必须相同

55. 将常开触点连接到左母线的指令是_____。

  A. LD   B. LDI   C. AN   D. ORI

56. 下列_____制动方式不适用于变频调速系统。

  A. 直流制动 B. 回馈制动 C. 反接制动 D. 能耗制动

57. 变频器在实现恒转矩调速时，调频的同时_____。

  A. 不必调整电压   B. 不必调整电流

  C. 必须调整电压   D. 必须调整电流

58. 软启动器的主电路采用_____交流调压器，用连续地改变输出电压来保证恒流启动。

  A. 晶闸管变频控制   B. 晶闸管 PWM 控制

C. 晶闸管相位控制　　　　　　　　　D. 晶闸管周波控制

59. 软启动的优势是_____。

　　A. 可以满载启动　　　　　　　　　B. 可以进行调速

　　C. 可以自动换向　　　　　　　　　D. 可以减少水锤效应

60. 仪表的准确度等级的表示，是仪表在正常条件下的_____的百分数。

　　A. 系统误差　　　B. 最大误差　　　C. 偶然误差　　　D. 疏失误差

61. 下列中_____阻值的电阻适用于直流双臂电桥测量。

　　A. 0.1 Ω　　　B. 100 Ω　　　C. 500 kΩ　　　D. 1 MΩ

62. 用直流单臂电桥测量电阻，应按照_____操作。

　　A. 先按下电源按钮 B，再按下检流计按钮 G

　　B. 先按下检流计按钮 G，再按下电源按钮 B

　　C. 同时按下检流计按钮 G 和电源按钮 B

　　D. 没有顺序要求

63. 用直流双臂电桥测量小电阻，其被测量电阻值与_____无关。

　　A. 标准电阻　　　B. 桥臂电阻　　　C. 接线电阻　　　D. 以上三个量

64. 当直流电桥检流计偏向标尺"＋"时，应_____。

　　A. 增大比例臂阻值　　　　　　　　B. 增大比较臂阻值

　　C. 减小比例臂阻值　　　　　　　　D. 减小比较臂阻值

65. 直流双臂电桥刻度盘读数时需要保留小数点后_____位数字。

　　A. 1　　　　B. 2　　　　C. 3　　　　D. 4

66. 测量一个 79.08 Ω 的电阻时，比例臂应选用_____。

　　A. ×0.01　　　B. ×0.1　　　C. ×1　　　D. ×10

67. 双踪示波器同时显示两个波形的方式有_____。

　　A. 交替和断续　　B. 交替和叠加　　C. 连续和断续　　D. 相交和叠加

68. 示波器的偏转因数为 5 V/div 时，测正弦交流电的峰－峰值读数为 6 div，探头衰减 10:1，则该正弦交流电的有效值为_____ V。

　　A. 15　　　　B. 30　　　　C. 106　　　　D. 11

69. 双踪示波器中的"DC －⊥－ AC"是被测信号馈至示波器输入端耦合方式的选择开关，当此开关置于"⊥"挡时，表示_____。

　　A. 输入端接地　　　　　　　　　　B. 仪表应垂直放置

　　C. 输入端能通直流　　　　　　　　D. 输入端能通交流

70. 示波器上显示的两个正弦信号的波形如下图所示，已知 X 轴偏转因数"t /div"开关置于 5 ms/div 挡，水平扩展倍率 $k = 10$，Y 轴偏转因数 "V/div" 开关置于 10 mV/div 挡，则信号的周期及两者的相位差分别是_____。

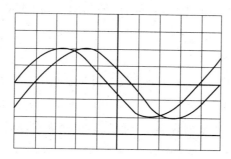

  A. 4.5 ms, 4° B. 4.5 ms, 40° C. 45 ms, 4° D. 45 ms, 40°

71. 信号发生器对输出的波形信号_____。

  A. 只能调整频率，不能调整幅值 B. 不能调整频率，只能调整幅值

  C. 可以调整频率和幅值 D. 不能调整频率和幅值

72. 一台低频信号发生器，无衰减时的输出电压为 60 V，现将其衰减 20 dB（分贝），则输出电压为_____ V。

  A. 3 B. 6 C. 30 D. 60

73. 硅稳压二极管与一般二极管不同的是，稳压管工作在_____。

  A. 击穿区 B. 反向击穿区 C. 导通区 D. 反向导通区

74. 要想获得 −9 V 的稳定电压，集成稳压器的型号应选用_____。

  A. 7812 B. 7809 C. 7912 D. 7909

75. 下列三极管各个极的电位，处于放大状态的三极管是_____。

  A. $V_c = 0.3$ V，$V_e = 0$ V，$V_b = 0.7$ V B. $V_c = -4$ V，$V_e = -7.4$ V，$V_b = -6.7$ V

  C. $V_c = 6$ V，$V_e = 0$ V，$V_b = -3$ V D. $V_c = 2$ V，$V_e = 2$ V，$V_b = 2.7$ V

76. 三极管放大电路中，为尽量稳定静态工作点，可以_____。

  A. 加入钳位电路或者限幅电路

  B. 选用受温度影响较大的元器件

  C. 引入合适的负反馈电路

  D. 加滤波电容，增大直流偏置电压和电流

77. 直流放大器存在的主要问题是_____。

  A. 截止失真 B. 饱和失真 C. 交越失真 D. 零点漂移

78. 晶闸管导通的条件为_____。

  A. 阳极与阴极间加正向电压

  B. 阳极与阴极间加反向电压

  C. 阳极与阴极间加正向电压，同时门极与阴极间加正向触发电压

  D. 阳极与阴极间加反向电压，同时门极与阴极间加反向触发电压

79. 单结晶体管内部有_____个 PN 结。

  A. 1   B. 2   C. 3   D. 0

80. 单相半控桥式整流电路，带电阻负载，当控制角为 60°时，导通角是_____。

  A. 30°   B. 60°   C. 90°   D. 120°

二、判断题（81 ~ 120 题为判断题，判断正确的请在括号内打"√"，错误的请打"×"，每题 0.5 分，共 20 分）

81. 使用低压断路器作为机床电源引入开关，就不需要再安装熔断器。   （ ）

82. 低压断路器可以用于频繁启动电动机的场合。   （ ）

83. 在安装 RL1 系列熔断器时，电源线应接在下接线端。   （ ）

84. 直流接触器中也需要安装短路环。   （ ）

85. 交流接触器的额定电压是指控制线圈的电压。   （ ）

86. 热继电器的热元件必须与电动机串联。   （ ）

87. 行程开关不属于主令电器。   （ ）

88. 延时断开的常闭触点属于断电型时间继电器。   （ ）

89. 电动机启动时可实现顺序控制，停止时无法实现顺序控制。   （ ）

90. 采用丫－△降压启动时，在降低启动电流时也减小了启动转矩。   （ ）

91. M7130 型平面磨床的电磁吸盘需要单独提供交流电源。   （ ）

92. C6150 型车床电磁离合器中通入的是交流电。   （ ）

93. M7130 型平面磨床的磨头正反转是靠液压换向实现的。   （ ）

94. Z3040 型摇臂钻床主轴的正反转是通过电动机正反转实现的。   （ ）

95. 电容式接近开关可以检测绝缘的液体。   （ ）

96. 接近开关的输出端一般都是晶体三极管。   （ ）

97. 光电开关只在光线较暗的环境中才能使用。   （ ）

98. 单极性霍尔开关需要指定某磁极感应才有效。   （ ）

99. 接近开关的电源一般是直流 100 V。   （ ）

100. 旋转编码器不仅可以测量转速，还可以判断转向。   （ ）

101. 绝对型编码器每一个位置都对应着一组唯一二进制编码。   （ ）

102. PLC 程序执行的顺序是从上到下、从右到左。   （ ）

103. PLC 的输入端采用光电隔离，抗干扰能力强。   （ ）

104. PLC 的存储单元只用于存放用户程序。 （　　）

105. PLC 内部自带定时器和计数器。 （　　）

106. PLC 在 RUN 模式下也可以下载更新程序。 （　　）

107. 为保护 PLC 的输出模块，外接感性负载时应加过电压保护电路。 （　　）

108. 变频器只能进行调速，无法实现软启软停。 （　　）

109. 软启动器没有制动功能。 （　　）

110. 直流单臂电桥的比较臂最低位 （×1） 可以为零。 （　　）

111. 直流单臂电桥也称为凯文电桥。 （　　）

112. 直流双臂电桥中，四个桥臂的可调电阻是单独进行调整的。 （　　）

113. 电桥精度只与检流计有关，与其他因素无关。 （　　）

114. 信号发生器可以产生任意形状的波形。 （　　）

115. 测量脉冲信号最好的仪器是示波器。 （　　）

116. 示波器的图形比较模糊时，应调节辉度旋钮。 （　　）

117. 晶体三极管作开关应用时，工作在饱和状态和截止状态。 （　　）

118. W7800 系列与 W7900 系列可通过电路扩大输出电压。 （　　）

119. 晶闸管导通后，门极失去控制作用。 （　　）

120. 单相桥式全控和半控整流电路中，续流二极管作用是一样的。 （　　）

理论知识考核模拟试卷（二）

一、单项选择题（1~80题为单项选择题，在每题的选项中，只有一个是正确的，请将正确答案的代号填在横线空白处，每题1分，共80分）

1. 低压断路器热脱扣器的整定电流应_____所控制负载的额定电流。

    A. 不小于   B. 等于   C. 小于   D. 大于

2. DZ5－20型低压断路器的热磁脱扣器主要作用是_____。

    A. 过载保护   B. 短路保护   C. 欠压保护   D. 缺相保护

3. 低压断路器的电气符号是_____。

    A. SB   B. FU   C. KH   D. QF

4. 熔体的熔断时间与_____。

    A. 电流成正比   B. 电流成反比

    C. 电流的平方成正比   D. 电流的平方成反比

5. 当负荷电流达到熔断器熔体的额定电流时，熔体将_____。

    A. 立刻熔断   B. 不会熔断   C. 短延时熔断   D. 长延时熔断

6. RL1—60表示的是_____熔断器。

    A. 螺旋式   B. 快速   C. 瓷插式   D. 管式

7. 由三台7 kW的三相笼型感应电动机组成的电气设备中，总熔断器选择额定电流_____A的熔体。

    A. 30   B. 45   C. 60   D. 15

8. 交流接触器短路环的作用是_____。

    A. 短路保护   B. 消除铁芯振动   C. 增大铁芯磁通   D. 减少铁芯磁通

9. 交流接触器的线圈电压过高将导致_____。

    A. 线圈电流显著增加   B. 触点电流显著增加

    C. 线圈电流显著减少   D. 触点电流显著减少

10. 用接触器控制一台10 kW三相异步电动机时，宜选用额定电流_____A的交流接触器。

    A. 10   B. 20   C. 40   D. 100

11. 热继电器的热元件应该安装在_____中。

    A. 信号电路   B. 控制电路   C. 定子电路   D. 转子电路

12. 控制变压器是_____。

    A. 自耦变压器   B. 主令电器   C. 保护电器   D. 降压变压器

13. 按下复合按钮时，触点动作顺序是_____。

    A. 常闭先断开   B. 常开先闭合

    C. 同时动作   D. 只有常开闭合

14. 红色指示灯用于指示_____。

    A. 正在运行   B. 系统正常   C. 温度异常   D. 联锁运行

15. 速度继电器的速度一般低于_____r/min，触点将复位。

    A. 100   B. 120   C. 220   D. 500

16. 空气式时间继电器线圈收到_____信号，才发出延时动作指令。

    A. 主电路   B. 辅助电路   C. 信号电路   D. 控制电路

17. 定时器中 ___ 表示的触点类型是_____。

    A. 延时闭合的常闭触点   B. 延时闭合的常开触点

    C. 延时断开的常闭触点   D. 延时断开的常开触点

18. 三相异步电动机的正反转控制关键是改变_____。

    A. 电源电压   B. 电源相序   C. 电源电流   D. 负载大小

19. 在工作台自动往返控制线路中，为防止两个接触器同时动作造成短路，电路中必须采取_____措施。

    A. 点动   B. 自锁   C. 联锁   D. 顺序

20. 在感性负载的两端并联适当的电容器，是为了_____。

    A. 减小电流   B. 减小电压   C. 增大电压   D. 提高功率因数

21. 绕线式电动机适用于_____启动方式。

    A. 丫 – △降压   B. 自耦变压器降压

    C. 转子串电阻   D. 定子串电阻

22. M7130 型平面磨床如果无法消磁，排除 SA1 转换开关的故障后，应该首先检查_____是否正常。

    A. 整流电路 VD   B. 欠流继电器 KA

    C. 限流电阻 R2   D. 控制变压器 T2

23. M7130 型平面磨床的电磁吸盘可以吸持_____零件。

    A. 45 号钢   B. 铝型材   C. 黄铜   D. 304 不锈钢

24．C6150 型车床的主轴点动是通过_____操作的。

　　A．SB4 按钮　　　　　　　　　　B．走刀箱操作手柄

　　C．进给手轮　　　　　　　　　　D．溜班箱操作手柄

25．C6150 型车床加工螺纹时，溜板箱由_____提供动力。

　　A．手动摇动　　　B．主轴箱　　　C．快速电动机　　　D．电磁离合器

26．Z3040 型摇臂钻床的摇臂在升降前要先_____。

　　A．松开液压机构　　　　　　　　B．夹紧液压机构

　　C．延时等待　　　　　　　　　　D．发出光电信号

27．Z3040 型摇臂钻床的摇臂升降限位都依靠行程开关 SQ1，SQ1 内部有_____对常闭触点。

　　A．一　　　　　B．两　　　　　C．三　　　　　D．四

28．接近开关的引线是_____。

　　A．2 线　　　　B．3 线　　　　C．4 线　　　　D．以上选项都正确

29．接近开关比普通行程开关更适用于操作频率_____的场合。

　　A．低　　　　　B．中等　　　　C．极低　　　　D．高

30．只能检测金属的接近开关是_____。

　　A．电感式　　　B．电容式　　　C．光电式　　　D．磁式

31．相邻两个埋入式接近开关的距离 l 与光电开关直径 d 的关系是_____。

　　A．$l\leq d$　　　B．$l\geq d$　　　C．$l\geq 2d$　　　D．$l\geq 3d$

32．对于提供常开触点的接近开关，_____。

　　A．输出极为 NPN 型的在物体靠近时输出低电平

　　B．输出极为 NPN 型的在物体离开时输出低电平

　　C．输出极为 PNP 型的在物体靠近时输出低电平

　　D．输出极为 PNP 型的在物体离开时输出高电平

33．电源负极的颜色英文缩写为_____。

　　A．BK　　　　　B．BU　　　　　C．BL　　　　　D．WH

34．发光器和受光器装在不同装置的是_____光电开关。

　　A．对射式　　　B．反射式　　　C．漫射式　　　D．折射式

35．光电开关的透镜可以用_____擦拭。

　　A．酒精　　　　B．自来水　　　C．镜头纸　　　D．棉布

36．可用于门窗防盗的是_____开关。

　　A．对射式光电　B．电感式接近　C．磁性　　　　D．电容式接近

37. 磁控管（干簧管）内部充入的是_____。

    A. 空气　　　　　B. 二氧化碳　　　　C. 惰性气体　　　　D. 真空

38. 磁性开关必须和_____。

    A. 电源直接连接　　　　　　　　　B. 负载串联使用

    C. 电源并联使用　　　　　　　　　D. 负载并联使用

39. 增量型编码器断电后其位置信息_____。

    A. 不能记忆，会丢失　　　　　　　B. 需要后备电池维持记忆

    C. 自动记忆，无须电池　　　　　　D. 存在 PLC 的存储区中

40. 绝对型编码器的输出信号中含有表示_____的二进制编码。

    A. 位置信息　　　B. 速度大小　　　C. 旋转方向　　　D. 参考零位

41. 编码器的输出形式一般有_____四种。

    A. 集电极开路输出、电压输出、线驱动输出、推挽式输出

    B. 集电极开路输出、电流输出、线驱动输出、推挽式输出

    C. 集电极开路输出、电压输出、电流输出、线驱动输出

    D. 集电极开路输出、电压输出、电流输出、推挽式输出

42. 可以通过编程器修改的是_____。

    A. 系统程序　　　B. 用户程序　　　C. 工作程序　　　D. 任意程序

43. 在 PLC 梯形图中，线圈_____。

    A. 必须放最左侧　　　　　　　　　B. 必须放最右侧

    C. 可以放所需位置　　　　　　　　D. 可以放在任意位置

44. 可编程序控制器的接地线截面积一般大于_____mm^2。

    A. 1　　　　　　B. 1.5　　　　　C. 2　　　　　　D. 2.5

45. PLC 的工作过程包括_____三个阶段。

    A. 系统自检、通信处理、程序执行　　B. 系统自检、I/O 扫描、程序执行

    C. 扫描输入、执行程序、刷新输出　　D. 系统自检、执行程序、刷新输出

46. PLC 的抗干扰能力强的一个重要原因是_____。

    A. 输入端和输出端采用光电隔离　　B. 输入端的电源是直流 24V

    C. 输入输出端有发光二极管作指示　　D. 采用整体式结构

47. 为保护 PLC 输出端子，接感性负载时应接_____。

    A. 过电流继电器　　　　　　　　　B. 阻容保护

    C. 过压保护电路　　　　　　　　　D. 续流二极管

48. 关于 PLC 控制和继电器控制的线圈动作顺序，正确的说法是_____。

A. PLC 相当于串行，继电器相当于并行

B. PLC 和继电器都相当于并行

C. PLC 相当于并行，继电器相当于串行

D. PLC 和继电器都相当于串行

49. 利用编程软件监控 PLC 中继电器的状态时，PLC _____。

    A. 必须处在 RUN 状态   B. 必须处在 STOP/PROG 状态

    C. 可以处在 RUN 状态   D. 可以处在 STOP/PROG 状态

50. 在梯形图中，PLC 的执行顺序是 _____。

    A. 从上到下、从左到右   B. 从上到下、从右到左

    C. 从下到上、从左到右   D. 从下到上、从右到左

51. _____指令必须成对使用。

    A. LD、END   B. ANB、ORB   C. MC、MCR   D. PLS、PLF

52. 对电动机从基本频率向上的变频调速属于_____调速。

    A. 恒功率   B. 恒转矩   C. 恒磁通   D. 恒转差率

53. 变频器与软启动器最大的区别在于_____。

    A. 变频器具备调速功能   B. 变频器可以软停车防止水锤效应

    C. 变频器内部有微处理器   D. 变频器可以调节启动和停车时间

54. 软启动器的突跳转矩控制方式主要用于_____。

    A. 轻载启动   B. 重载启动   C. 风机启动   D. 离心泵启动

55. 用直流单臂电桥测量电阻，属于_____测量。

    A. 直接   B. 间接   C. 比较   D. 快速

56. 测量 1 Ω 以下的电阻，应选用_____。

    A. 单臂电桥   B. 双臂电桥   C. 万用表   D. 毫伏表和电流表

57. 直流电桥外接检流计的精度应该_____。

    A. 越高越好   B. 越低越好

    C. 适中   D. 不能超过自带检流计精度

58. 搬运直流单臂电桥时，应将_____短接。

    A. 内接端钮   B. 外接端钮

    C. 外接电源端钮   D. 被测电阻端钮

59. 用电桥测量电阻前，应先_____。

    A. 对被测电阻进行估测   B. 把被测电阻接到 Rx 端钮上

    C. 分出电阻的电位端和电流端   D. 选择较粗的连接导线

60. 直流双臂电桥采用两对端钮，是为了_____。
    A. 保证桥臂电阻比值相等
    B. 消除接线电阻和接触电阻的影响
    C. 采用机械联动调节
    D. 以上说法都不正确

61. 用直流电桥测量电阻时，测量结果的精度和准确度与电桥比例臂的选择_____。
    A. 有关系　　B. 无关系　　C. 成正比　　D. 成反比

62. 用直流单臂电桥测量电阻，应按照_____操作。
    A. 先松开电源按钮 B，再松开检流计按钮 G
    B. 先松开检流计按钮 G，再松开电源按钮 B
    C. 同时松开检流计按钮 G 和电源按钮 B
    D. 没有顺序要求

63. 下列选项中_____测量适宜选用直流双臂电桥。
    A. 接地电阻
    B. 电刷和换向器的接触电阻
    C. 变压器变比
    D. 蓄电池内阻

64. 测量一个 127.6 Ω 的电阻式，比例臂应选用_____。
    A. ×0.01　　B. ×0.1　　C. ×1　　D. ×10

65. 测量_____时，通用示波器的 Y 轴衰减"微调"旋钮应置于"校准"位置。
    A. 周期和频率　　B. 相位差　　C. 电压　　D. 时间间隔

66. 双踪示波器中的"DC—⊥—AC"是被测信号馈至示波器输入端耦合方式的选择开关，当此开关置于"DC"挡时，表示_____。
    A. 只能输入直流信号
    B. 只能输入交流信号
    C. 可以输入交流和直流信号
    D. 不能输入交流信号

67. 示波器屏幕水平可用长度为 10 div，扫描时间因数变化范围为 5 us/div ~ 10 ms/div，为能正常观测信号电压波形，要求屏幕上至少能显示两个完整周期波形，最多不超过五个周期波形，则示波器可正常观测正弦信号电压的最高频率和最低频率分别为_____。
    A. 40 kHz 和 50 Hz
    B. 100 kHz 和 20 Hz
    C. 100 Hz 和 50 Hz
    D. 40 kHz 和 20 Hz

68. 双踪示波器中的电子开关处在"交替"状态时，适用于显示_____的信号波形。
    A. 两个频率较低
    B. 两个频率较高
    C. 一个频率较低
    D. 一个频率较高

69. 用示波器观测到的正弦电压波形如下图所示，示波器探头衰减系数为 10，扫描时间因数为 2 ms/div，X 轴扩展倍率为 5，Y 轴偏转因数为 0.1 V/div，则该电压的幅值与信号频率分别为_____。

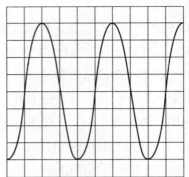

A. 0.4 V 和 625 Hz   B. 4 V 和 625 Hz

C. 4 V 和 125 Hz   D. 0.4 V 和 125 Hz

70. 改变光线清晰度，应调节示波器的_____旋钮。

A. 聚焦   B. 辉度   C. X 轴位移   D. Y 轴位移

71. 为测量两个同频信号的相位差，不能使用_____示波器。

A. 单踪   B. 双踪   C. 双线   D. 数字

72. 在低频信号发生器中，主振级通常采用_____。

A. 电感三点式振荡器   B. RC 振荡器

C. 电容三点式振荡器   D. 晶体振荡器

73. 把电动势为 1.5 V 的干电池以正向接法直接接到一个硅二极管的两端，则该二极管_____。

A. 电流为零   B. 电流基本正常   C. 击穿   D. 被烧坏

74. 要想获得 12V 的稳定电压，集成稳压器的输入端电压最少应该为_____V。

A. 15   B. 12   C. 9   D. 6

75. 影响模拟放大电路静态工作点稳定的主要因素是_____。

A. 三极管的 β 值   B. 三极管的穿透电流

C. 放大信号的频率   D. 工作环境的温度

76. 下列三极管各个极的电位，处于饱和状态的三极管是_____。

A. $V_c = 0.3$ V，$V_e = 0.7$ V，$V_b = 0$ V

B. $V_c = -4$ V，$V_e = -7.4$ V，$V_b = -6.7$ V

C. $V_c = 6$ V，$V_e = 0$ V，$V_b = -3$ V

D. $V_c = 2$ V，$V_e = 2$ V，$V_b = 2.7$ V

77. 阻容耦合的优点是_____。

A. 传递直流信号，隔离交流信号

B. 传递共模交流信号，隔离差模直流信号

C. 传递中低频交流信号，隔离直流信号

D. 传递直流信号和低频交流信号，隔离高频信号

78. 当晶闸管承受反向阳极电压时，不论门极加何种极性触发电压，管子都将工作在_____。

　　A. 导通状态　　　　B. 关断状态　　　　C. 饱和状态　　　　D. 不定

79. 单相半控桥式整流电路，_____续流二极管。

　　A. 带大电阻负载时必须加　　　　　　B. 带大电感负载时必须加

　　C. 无论什么负载必须加　　　　　　　D. 不需要加

80. 单相桥式可控整流电路中，输出电压随控制角的变大而_____。

　　A. 变大　　　　　B. 变小　　　　　C. 不变　　　　　D. 无规律

二、**判断题**（81～120 题为判断题，判断正确的请在括号内打"√"，错误的请打"×"，每题 0.5 分，共 20 分）

81. 低压断路器除了可以接通和断开电路外，还具有短路、过载保护、欠压保护等功能。　　　　　　　　　　　　　　　　　　　　　　　　　　　（　　）

82. 低压断路器只能切断正常电流，不可以切断短路电流。　　　　　　（　　）

83. 熔体的额定电流必须大于熔断器的额定电流。　　　　　　　　　　（　　）

84. 快速熔断器的熔体可以反复使用。　　　　　　　　　　　　　　　（　　）

85. 接触器是按主触点通过的电流种类区分交流接触器和直流接触器。（　　）

86. 当热继电器动作不准确时，可用弯折双金属片的方法调整。　　　（　　）

87. 热继电器主要用于过载保护，也可用于缺相保护。　　　　　　　（　　）

88. 中间继电器的主要功能是控制功率放大和辅助触点数量扩充。　　（　　）

89. 急停按钮具有自锁装置，能保持断开状态。　　　　　　　　　　（　　）

90. 按钮颜色含意与指示灯颜色含意是一样的。　　　　　　　　　　（　　）

91. 计数器的计数端不能输入电压。　　　　　　　　　　　　　　　（　　）

92. 一般情况下，转速超过 120 r/min，速度继电器的触点动作。　　（　　）

93. 三相绕线式异步电动机转子串电阻启动过程中，所串电阻逐级增加。（　　）

94. 丫－△降压启动只适用于正常时丫联结的笼型电动机。　　　　　（　　）

95. M7130 型平面磨床的电磁吸盘可以吸持加工黄铜零件。　　　　　（　　）

96. Z3040 型摇臂钻床的摇臂在升降前需要先放松，升降后再夹紧。（　　）

97. 接近开关和行程开关一样，也是一种位置检测开关。　　　　　　（　　）

98. 电感式接近开关也可以检测到非金属材料。 （　　）

99. 光电开关必须成对使用。 （　　）

100. 光电开关的透镜可用酒精擦拭。 （　　）

101. 把一个金属薄片放到垂直磁场中，薄片两端就会产生电位差的特性就是霍尔效应。

　（　　）

102. 旋转编码器只能测量角度。 （　　）

103. 增量型编码器内部 A、B 两路脉冲相差 90°。 （　　）

104. 可编程序控制器是一个软逻辑控制系统。 （　　）

105. PLC 的输出方式有继电器、晶体管两种。 （　　）

106. ROM 称为随机存储器，断电时数据不能保存。 （　　）

107. PLC 内部的触点数量没有限制。 （　　）

108. 为了更加安全，用于停止、保护等功能的输入端应选用常闭触点。 （　　）

109. 直流电桥是根据桥式电路的平衡原理，将被测电阻与已知标准电阻进行比较来测量电阻值。 （　　）

110. 直流单臂电桥的比较臂最高位（×1 000）可以为零。 （　　）

111. 使用直流单臂电桥时，被测电阻必须要有四个接头才行。 （　　）

112. 使用双臂电桥不可以测量控制变压器一次绕组的阻值。 （　　）

113. 信号发生器可以产生任意频率的波形。 （　　）

114. 示波器工作中间因某种原因将电源切断后，可立即再次启动仪器。 （　　）

115. 使用示波器时，应该将被测信号接入"Y 轴输入"端钮。 （　　）

116. 三端集成稳压电路是小功率器件，没有金属封装的。 （　　）

117. 基本放大电路通常采用双电源供电。 （　　）

118. 设置放大器静态工作点是防止输出信号产生饱和失真或截止失真。 （　　）

119. 单结晶体管发射极电压高于峰点电压时导通，低于谷点电压时截止。 （　　）

120. 单相全控桥式整流电路带大电感负载时的移相范围是 0° ～120°。 （　　）

理论知识考核模拟试卷（三）

一、单项选择题（1~80题为单项选择题，在每题的选项中，只有一个是正确的，请将正确答案的代号填在横线空白处，每题1分，共80分）

1. 所有断路器都具有_____。
   - A. 过载保护和漏电保护
   - B. 短路保护和限位保护
   - C. 过载保护和短路保护
   - D. 失压保护和断相保护

2. DZ5-20型低压断路器的电磁脱扣器主要作用是_____。
   - A. 过载保护　　B. 短路保护　　C. 欠压保护　　D. 缺相保护

3. 熔断器的电气符号是_____。

   - A. 　　　　B. 　　　　C. 　　　　D.

4. 半导体元件的短路保护或过载保护均采用_____熔断器。
   - A. RL1系列　　B. RT0系列　　C. RLS系列　　D. RM10系列

5. RL1系列熔断器的熔管内填充石英砂是为了_____。
   - A. 绝缘　　　　B. 防护　　　　C. 灭弧　　　　D. 散热

6. 接触器是按_____通过的电流种类区分交流接触器和直流接触器。
   - A. 主触点　　B. 辅助触点　　C. 控制线圈　　D. 被控设备

7. 交流接触器的主要发热元件是_____。
   - A. 线圈　　　　B. 触点　　　　C. 铁芯　　　　D. 短路环

8. 直流电磁铁的电磁吸力与_____。
   - A. 气隙成正比
   - B. 气隙成反比
   - C. 气隙的平方成正比
   - D. 气隙没有关系

9. 热继电器的感应元件是_____。
   - A. 电磁机构　　B. 易熔元件　　C. 双金属片　　D. 控制触点

10. 热继电器的动作电流整定值是可以调节的，调节范围是热元件额定电流的_____。
    - A. 50%~60%　　B. 60%~100%　　C. 50%~150%　　D. 100%~200%

11. 按钮帽上的颜色用于指示_____。

    A. 注意安全   B. 引起警惕   C. 区分功能   D. 无意义

12. 按钮的电气符号是_____。

    A. SA   B. SB   C. SQ   D. QS

13. 绿色指示灯用于指示_____。

    A. 正在运行   B. 系统正常   C. 超温运行   D. 自锁运行

14. 在位置控制电路中，必须使用_____。

    A. 行程开关   B. 按钮   C. 接触器   D. 以上选项都需要

15. 控制变压器的额定容量是指_____。

    A. 变压器一次侧的最大输入视在功率

    B. 变压器一次侧的最大输入有功功率

    C. 变压器二次侧的最大输出视在功率

    D. 变压器二次侧的最大输出有功功率

16. 对于△联结的电动机，过载保护应采用_____。

    A. 两相热继电器   B. 三相热继电器

    C. 通用热继电器   D. 带缺相保护的热继电器

17. 速度继电器的运行方向是_____。

    A. 只能正转运行   B. 只能反转运行

    C. 正反转均可   D. 不需要运转

18. 延时闭合的常闭触点是_____。

    A. ⊥⊥   B. ⊥⊤   C. ⊥⊥   D. ⊤⊤

19. 按钮联锁正反转控制线路的优点是操作方便，缺点是容易产生电源两相短路事故。在实际工作中，经常采用按钮、接触器双重联锁_____控制线路。

    A. 点动   B. 自锁   C. 顺序启动   D. 正反转

20. 一台电动机需要制动平稳及制动能量小时，应采用_____方式。

    A. 机械制动   B. 能耗制动   C. 反接制动   D. 电容制动

21. 提高设备的_____，可以节约用电。

    A. 电流   B. 电压   C. 功率   D. 功率因数

22. 在反接制动电路中，如果速度继电器常开触点无法闭合，则_____。

    A. 电动机无法正常启动   B. 电动机只能惯性停车

    C. 电动机只能低速运行   D. 电动机无法停止

23. M7130 型平面磨床控制电路中的欠电流继电器作用是_____。

  A. 防止电磁吸盘吸力过小   B. 防止电磁吸盘吸力过大

  C. 用于工件退磁   D. 用于磨头制动

24. C6150 型车床控制电路中 YB 的作用是_____。

  A. 主轴正转   B. 主轴反转   C. 主轴制动   D. 主轴点动

25. C6150 型车床的主轴制动采用_____。

  A. 能耗制动   B. 反接制动   C. 电容制动   D. 电磁离合器制动

26. Z3040 型摇臂钻床的控制电路中的时间继电器作用是_____。

  A. 延时松开   B. 延时夹紧   C. 延时上升   D. 延时下降

27. 检修后的机床电器装置，其操纵、复位机构必须_____。

  A. 无卡阻现象   B. 灵活可靠   C. 接触良好   D. 外观整洁

28. 对于 NPN 型接近开关与 PLC 相连时，应当_____。

  A. 电源正极接输入端口的公共端   B. 电源负极接输入端口的公共端

  C. 电源正极接输入端口的输入端   D. 电源负极接输入端口的输入端

29. 可以用于交流电源的是_____制接近开关。

  A. 2 线   B. 3 线   C. 4 线   D. 以上选项都正确

30. 蓝色输出线的英文缩写为_____。

  A. BK   B. BU   C. BL   D. WH

31. 光电开关不可以用于_____检测。

  A. 位置   B. 液位   C. 颜色   D. 高度

32. 对射式光电开关防止相邻干扰最有效的办法是_____。

  A. 发光器和受光器交叉安装   B. 加装遮光板

  C. 增加发射光的强度   D. 减小光电开关的灵敏度

33. 检测气缸内活塞的位置应该用_____开关。

  A. 对射式光电   B. 电感式接近   C. 磁性   D. 电容式接近

34. 可用于室内防盗的是_____开关。

  A. 光电   B. 半导体接近   C. 磁性   D. 行程

35. 结构简单，价格便宜的是_____开关。

  A. 对射式光电   B. 电感式接近   C. 电容式接近   D. 干簧管磁性

36. 磁性开关_____。

  A. 可以串联，不可以并联   B. 不可以串联，但可以并联

  C. 可以串联，也可以并联   D. 不可以串联，也不可以并联

37. 增量型编码器 A、B 两组信号的相位差是_____。

A. 60°　　　　　　B. 90°　　　　　　C. 120°　　　　　　D. 180°

38. 编码器码盘上的沿圆周的缝隙数越多，表示_____。

    A. 精度越高　　　　B. 精度越小　　　　C. 速度越快　　　　D. 速度越慢

39. 增量型编码器必须和 PLC 的_____连接。

    A. 输入端子　　　　　　　　　　　　　B. 输出端子

    C. 模拟量输入端　　　　　　　　　　　D. 高速计数输入端

40. PLC 的特点是_____。

    A. 电子器件，抗干扰能力弱　　　　　　B. 系统设计、调试时间短

    C. 体积大，能耗高　　　　　　　　　　D. 编程复杂，不易掌握

41. 不能用输出指令直接驱动的是_____。

    A. 输入继电器　　　　　　　　　　　　B. 输出继电器

    C. 通用辅助继电器　　　　　　　　　　D. 特殊辅助继电器

42. PLC 在输入扫描阶段_____。

    A. 只扫描使用的输入端　　　　　　　　B. 扫描有信号变化的输入端

    C. 不扫描扩展单元输入端　　　　　　　D. 扫描所有的输入端

43. 后备电池的作用是_____。

    A. 保证程序能够继续执行　　　　　　　B. 保存用户程序不丢失

    C. 保存系统程序不丢失　　　　　　　　D. 保证输入输出继电器保持原状

44. PLC 如果需要输出直流信号和交流高频信号，应选用_____。

    A. 晶闸管输出　　　　　　　　　　　　B. 晶体管输出

    C. 继电器输出　　　　　　　　　　　　D. 以上选项都正确

45. PLC 的 "·" 空端子上_____，否容易损坏 PLC。

    A. 必须接常闭触点　　　　　　　　　　B. 必须接地

    C. 必须接电源正极　　　　　　　　　　D. 不允许接线

46. PLC 的接地电阻必须小于_____Ω。

    A. 10　　　　　　B. 100　　　　　　C. 200　　　　　　D. 500

47. PLC 的输出回路必须安装_____。

    A. 熔断器　　　　B. 热继电器　　　　C. 按钮　　　　　　D. 继电器

48. PLC 内部提供的直流 24 V 电源_____。

    A. 只供接近开关和输入元件使用　　　　B. 可以驱动输出负载使用

    C. 可以为 PLC 本身提供电源　　　　　　D. PLC 失电时可以维持给 PLC 供电

49. 具有保持功能的指令是_____。

A．LD　　　　　B．OUT　　　　　C．SET　　　　　D．MPS

50．条件分支指令是_____。

A．MC、MCR　　B．SET、RST　　C．MPS、MPP　　D．PLS、PLF

51．变频器种类很多，其中按滤波方式可分为电压型和_____型。

A．电流　　　　B．电阻　　　　　C．电感　　　　D．电容

52．_____是变频器对电动机进行恒功率控制和恒转矩控制的分界线，应按电动机的额定频率设定。

A．基本频率　　B．最高频率　　　C．最低频率　　D．上限频率

53．软启动器旁路接触器必须与软启动器的输入和输出端一一对应正确，_____。

A．要就近安装接线　　　　　B．允许变换相序

C．不允许变换相序　　　　　D．要做好标识

54．电工指示仪表的准确等级通常分为七级，它们分别为 0.1 级、0.2 级、0.5 级、1.0 级、_____、2.5 级、_____等。

A．2.0 级、3.0 级　　　　　B．1.5 级、3.5 级

C．2.0 级、4.0 级　　　　　D．1.5 级、5.0 级

55．直流单臂电桥由_____个标准电阻组成比例臂和比较臂。

A．1　　　　　　B．2　　　　　　C．3　　　　　　D．4

56．用直流电桥测量电阻时，被测电阻的数值等于比较臂阻值与比例臂值的_____。

A．积　　　　　B．商　　　　　　C．和　　　　　　D．差

57．直流电桥在使用前时，需要进行_____。

A．机械调零　　B．欧姆调零　　　C．标尺调零　　　D．电子调零

58．精确测量一个中等大小的电阻，应用_____。

A．万用表　　　B．兆欧表　　　　C．单臂电桥　　　D．双臂电桥

59．测量一个 65.41 kΩ 的电阻时，比例臂应选用_____。

A．×0.1　　　　B．×1　　　　　　C．×10　　　　　D．×100

60．直流单臂电桥选择比较臂时，应使_____阻值不为零。

A．$R \times 1$　　　B．$R \times 10$　　　C．$R \times 100$　　　D．$R \times 1\,000$

61．示波器面板上标定的垂直偏转因数 V/div 中，电压"V"是指电压的_____值。

A．有效　　　　B．平均　　　　　C．峰－峰　　　　D．瞬时

62．用双踪示波器观测频率为 600 kHz 的两个正弦信号的相位差时，应采用的扫描方式是_____。

A．连续　　　　B．交替　　　　　C．触发　　　　　D．断续

63．双踪示波器中的"DC—⊥—AC"是被测信号馈至示波器输入端耦合方式的选择开关，当此开关置于"AC"挡时，表示＿＿＿＿。

    A．只能输入直流信号　　　　　　　　B．只能输入交流信号

    C．可以输入交流和直流信号　　　　　D．不能输入交流信号

64．测量两个同频信号的相位差时，示波器的X轴衰减"微调"旋钮应置于＿＿＿＿位置。

    A．校准　　　　　B．最大　　　　　C．最小　　　　　D．中间

65．改变光线亮度，应调节示波器的＿＿＿＿旋钮。

    A．聚焦　　　　　B．辉度　　　　　C．X轴位移　　　　　D．Y轴位移

66．函数信号发生器通常可输出的波形有＿＿＿＿。

    A．正弦波　　　　　B．三角波　　　　　C．方波　　　　　D．都有

67．如下图所示为双踪示波器测量两个同频率正弦信号的波形，若示波器的水平（X轴）偏转因数为 5 ms/div，则两信号的频率和相位差分别是＿＿＿＿。

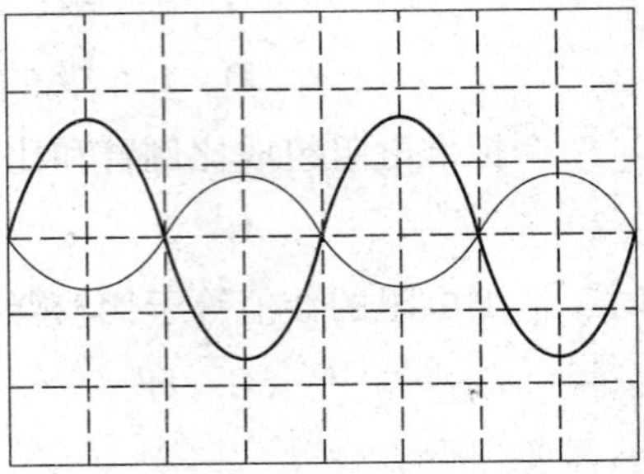

    A．50 Hz，0°　　　B．50 kHz，0°　　　C．50 Hz，180°　　　D．50 kHz，180°

68．为使仪器仪表保持良好的工作状态与精度，调校仪表不应采取＿＿＿＿。

    A．定期调整校验　　　　　　　　　　B．经常做零调整

    C．只在发生故障时调整校验　　　　　D．修理后调整校验

69．当二极管外加电压时，反向电流很小，且不随＿＿＿＿变化。

    A．正向电流　　　B．正向电压　　　C．电压　　　　　D．反向电压

70．要想获得 −9V 的稳定电压，集成稳压器的型号应选用＿＿＿＿。

    A．7812　　　　　B．7809　　　　　C．7912　　　　　D．7909

71．在模拟放大电路中，集电极负载电阻 Rc 的作用是＿＿＿＿。

    A．限流

    B．减小放大电路的失真

    C．把三极管的电流放大作用转变为电压放大作用

D. 把三极管的电压放大作用转变为电流放大作用

72. 静态工作点选择过高容易出现_____。

A. 截止失真　　　B. 饱和失真　　　C. 交越失真　　　D. 零点漂移

73. 阻容耦合放大电路中，耦合电容的主要作用是_____。

A. 防止静态工作点相互影响　　　　B. 传递信号

C. 防止自激振荡　　　　D. 减少零点漂移

74. 在单级共射极放大电路中，输入电压信号和输出电压信号的相位差是_____。

A. 0°　　　B. 90°　　　C. 180°　　　D. 360°

75. 在多级直流放大器中，对零点飘移影响最大的是_____。

A. 输入级　　　B. 输出级　　　C. 中间级　　　D. 前后级一样

76. 晶闸管关断的方法为_____。

A. 阳极与阴极间加正向电压　　　　B. 阳极与阴极间加反向电压

C. 门极与阴极间加正向电压　　　　D. 门极与阴极间加反向电压

77. 关于单向晶闸管的构成，下述说法中正确的是_____。

A. 可以等效地看成是由 3 个二极管构成的

B. 可以等效地看成是由 1 个 NPN、1 个 PNP 三极管构成的

C. 可以等效地看成是由 2 个 NPN 三极管构成的

D. 可以等效地看成是由 2 个 PNP 三极管构成的

78. 普通晶闸管门极 G 与阴极 K 间的反向电阻比正向电阻_____。

A. 稍大　　　B. 基本相等　　　C. 明显大一些　　　D. 小一些

79. 单相半控桥式整流电路带大电感负载时，移相范围是_____。

A. 0°～60°　　　B. 0°～90°　　　C. 0°～120°　　　D. 0°～180°

80. 单相全控桥式整流电路带电阻性负载，流过每个晶闸管的有效电流 I_T 与输出电流 I_d 的关系是_____。

A. $I_T=I_d$　　　B. $I_T=\frac{1}{2}I_d$　　　C. $I_T=\frac{\sqrt{2}}{2}I_d$　　　D. $I_T=\sqrt{2}I_d$

二、判断题（81～120 题为判断题，判断正确的请在括号内打"√"，错误的请打"×"，每题 0.5 分，共 20 分）

81. 低压断路器热脱扣器的整定电流应不小于所控制负载的额定电流。　（　　）

82. 熔断器在电路中主要起过载保护作用。　（　　）

83. 熔断器的分断能力应大于电路可能出现的最大短路电流值。　（　　）

84. 交流接触器中短路环的作用是消除电磁系统振动和噪声。　（　　）

85. 只要将热继电器的热元件串接在主电路中就能够起过载保护作用。　　　（　　）

86. 中间继电器也可以作为一般接触器使用。　　　（　　）

87. 选择按钮时，要根据功能选择按钮触点类型和按钮颜色。　　　（　　）

88. 控制变压器的容量是指一次侧的输入功率。　　　（　　）

89. 计数器不仅可以实现加法计数，还可以减法计数。　　　（　　）

90. 速度继电器主要用于丫－△启动控制线路中。　　　（　　）

91. 一般情况下，转速低于 120 r/min，速度继电器的触点复位。　　　（　　）

92. 气囊式时间继电器通过改变电磁机构安装方向可改变延时方式。　　　（　　）

93. 延时闭合的常开触点属于通电型时间继电器。　　　（　　）

94. 在自动往返控制电路中，行程开关的作用是位置控制和终端保护。　　　（　　）

95. 能耗制动准确平稳，制动力矩大。　　　（　　）

96. 只有正常时丫联结的笼型电动机才能采用丫－△降压启动。　　　（　　）

97. M7130 型平面磨床中欠电流继电器的作用是防止电磁吸盘吸力过小。　　　（　　）

98. C6150 型车床中电磁离合器 YC1、YC2、YB 主要是控制主轴正反转。　　　（　　）

99. Z3040 型摇臂钻床的时间继电器是用来保证升降电动机完全停止后才开始液压夹紧。　　　（　　）

100. 磁式接近开关可以检测非磁金属材料。　　　（　　）

101. 对射式光电开关的检测距离只有几厘米到几十厘米。　　　（　　）

102. 光电开关的引线可以和动力线放在同一个线槽中进行配线。　　　（　　）

103. 增量型编码器是依靠 A、B 两路脉冲的相位差判断方向的。　　　（　　）

104. 可编程序控制器的工作方式是循环扫描。　　　（　　）

105. PLC 中央处理单元的主要功能是运算和存储。　　　（　　）

106. PLC 无法输入、输出模拟量。　　　（　　）

107. PLC 采用继电器输出时，可以控制 380 V 的接触器。　　　（　　）

108. 梯形图编程简单，是因为它和继电控制电路是完全一样的。　　　（　　）

109. 输出线圈右侧必须有触点。　　　（　　）

110. 变频器停车时，一般采用反接制动。　　　（　　）

111. 软启动器不仅可以实现软启动，还可以实现软停车。　　　（　　）

112. 搬运直流电桥时，应将内接检流计短路，防止损坏检流计。　　　（　　）

113. 双臂电桥刻度盘读数时一般应保留到小数点后 3 位。　　　（　　）

114. 直流电桥使用完毕后，应先断开电源按钮，再断开检流计按钮。　　　（　　）

115. 示波器的探针负极均和仪器金属外壳相连。　　　（　　）

116. 扫描速度越高，示波器观察缓慢变化信号的能力越强。(　　)

117. 函数信号发生器不仅可以产生正弦波，还能产生三角波。　　(　　)

118. 三极管的 β 值与 I_c 的大小有关，I_c 越大 β 值越大。　　(　　)

119. 负载电阻越小，放大器电压放大倍数越低。　　(　　)

120. 晶闸管的关断条件是阳极电流等于维持电流。　　(　　)

理论知识考核模拟试卷答案

理论知识考核模拟试卷（一）

一、单项选择题

1. B	2. C	3. A	4. B	5. B	6. D	7. C	8. C	9. A
10. C	11. C	12. A	13. A	14. D	15. B	16. A	17. C	18. A
19. A	20. B	21. B	22. B	23. B	24. A	25. C	26. D	27. C
28. C	29. B	30. A	31. B	32. A	33. B	34. D	35. C	36. B
37. B	38. D	39. B	40. A	41. D	42. C	43. C	44. A	45. A
46. A	47. C	48. A	49. B	50. A	51. D	52. C	53. A	54. D
55. A	56. C	57. C	58. C	59. D	60. B	61. A	62. A	63. C
64. B	65. C	66. A	67. A	68. C	69. A	70. B	71. D	72. B
73. B	74. D	75. B	76. C	77. D	78. C	79. A	80. D	

二、判断题

81. √	82. ×	83. √	84. ×	85. ×	86. √	87. ×	88. ×	89. ×
90. √	91. ×	92. ×	93. ×	94. ×	95. √	96. √	97. ×	98. √
99. ×	100. √	101. √	102. ×	103. √	104. ×	105. √	106. ×	107. √
108. ×	109. √	110. √	111. ×	112. ×	113. ×	114. ×	115. √	116. ×
117. √	118. √	119. √	120. ×					

理论知识考核模拟试卷（二）

一、单项选择题

1. B	2. A	3. D	4. D	5. B	6. A	7. C	8. B	9. A
10. C	11. C	12. D	13. A	14. A	15. A	16. D	17. D	18. B
19. C	20. D	21. C	22. C	23. A	24. A	25. B	26. A	27. B
28. D	29. D	30. A	31. B	32. A	33. A	34. A	35. C	36. C

37. C　　38. B　　39. A　　40. A　　41. A　　42. B　　43. B　　44. C　　45. C

46. A　　47. C　　48. A　　49. A　　50. A　　51. C　　52. A　　53. A　　54. B

55. B　　56. B　　57. C　　58. A　　59. A　　60. B　　61. A　　62. B　　63. B

64. B　　65. C　　66. A　　67. B　　68. B　　69. B　　70. A　　71. A　　72. B

73. D　　74. A　　75. D　　76. D　　77. C　　78. B　　79. B　　80. B

二、判断题

81. √　　82. ×　　83. ×　　84. ×　　85. √　　86. ×　　87. √　　88. √　　89. √

90. ×　　91. ×　　92. √　　93. ×　　94. √　　95. ×　　96. √　　97. √　　98. ×

99. ×　　100. ×　　101. ×　　102. √　　103. √　　104. √　　105. ×　　106. √　　107. √

108. √　　109. √　　110. ×　　111. √　　112. √　　113. ×　　114. √　　115. √　　116. ×

117. ×　　118. √　　119. √　　120. ×

理论知识考核模拟试卷（三）

一、单项选择题

1. C　　2. B　　3. B　　4. C　　5. C　　6. A　　7. A　　8. B　　9. C

10. B　　11. C　　12. B　　13. B　　14. D　　15. C　　16. D　　17. C　　18. B

19. D　　20. B　　21. D　　22. B　　23. A　　24. C　　25. D　　26. B　　27. B

28. A　　29. A　　30. C　　31. C　　32. A　　33. C　　34. A　　35. D　　36. C

37. B　　38. A　　39. D　　40. A　　41. A　　42. D　　43. B　　44. B　　45. D

46. B　　47. A　　48. A　　49. C　　50. A　　51. A　　52. A　　53. C　　54. D

55. C　　56. A　　57. A　　58. A　　59. C　　60. D　　61. C　　62. B　　63. B

64. A　　65. B　　66. D　　67. C　　68. C　　69. D　　70. D　　71. B　　72. B

73. A　　74. C　　75. A　　76. B　　77. B　　78. C　　79. B　　80. B

二、判断题

81. ×　　82. ×　　83. √　　84. √　　85. ×　　86. ×　　87. √　　88. ×　　89. √

90. ×　　91. ×　　92. √　　93. √　　94. √　　95. ×　　96. √　　97. √　　98. ×

99. √　　100. ×　　101. ×　　102. ×　　103. √　　104. √　　105. ×　　106. ×　　107. ×

108. ×　　109. √　　110. ×　　111. √　　112. √　　113. √　　114. ×　　115. √　　116. ×

117. √　　118. ×　　119. √　　120. ×

操作技能考核模拟试卷（一）

职业技能鉴定国家题库

维修电工中级操作技能考核试卷

注 意 事 项

一、本试卷依据 2009 年颁布的《维修电工》国家职业标准命制。

二、请根据试题考核要求，完成考试内容。

三、请服从考评人员指挥，保证考核安全顺利进行。

试题 1. 三相交流异步电动机反接制动控制电路的安装与调试

考核要求

（1）正确使用电工工具及仪器、仪表。

（2）正确安装、接线并调试成功。

（3）考核注意事项：

1）满分 35 分，时间 120 min。

2）安全文明操作。

（4）按照电气安装规范，依据下图所示的电路图正确完成电动机反接制动控制线路的安装、接线和调试。

笔试部分：

（1）正确识读给定的电路图；写出下列图形文字符号的名称。

QS（   ）；KM1（   ）；KA（   ）；KH（   ）；
KS（   ）。

（2）正确使用工具，简述使用旋具的注意事项。

答：

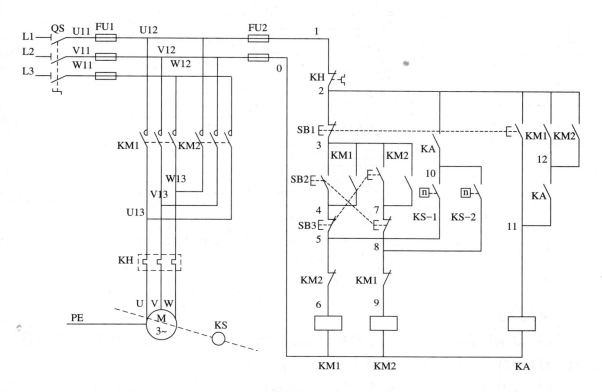

（3）正确使用仪表，简述兆欧表的使用方法。

答：

（4）安全文明生产，说明在断电操作中，隔离开关和断路器的操作顺序。

答：

试题 2. PLC 控制三相异步电动机降压启动装调

考核要求

（1）考试时间：120 min。

（2）考核方式：实操 + 笔试。

（3）本题分值：35 分。

（4）具体考核要求：按照电气安装规范，依据下图所示主电路绘制 I/O 接线图，正确完成 PLC 控制电动机 Y – △降压启动线路的安装、接线和调试。

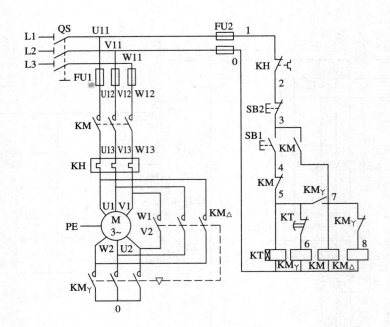

笔试部分：

（1）正确识读给定的电路图，将控制电路部分改为 PLC 控制，在答题纸上正确绘制 PLC 的 I/O 口（输入/输出）接线图并设计 PLC 梯形图。

（2）正确使用工具，简述使用压线钳的注意事项。

答：

（3）正确使用仪表，简述电流互感器的使用方法。

答：

（4）安全文明生产，说明我国根据环境条件不同规定的安全电压等级有哪些。

答：

操部作分：

（5）按照电气安装规范，将控制电路部分改为 PLC 控制，依据图中主电路和绘制的 I/O 接线图正确完成 PLC 控制电动机启动线路的安装和接线。

（6）正确编制程序并输入 PLC 中。

（7）通电试运行。

笔试部分答题纸：

（1）PLC 接线图。

（2）PLC 梯形图。

试题 3．双向晶闸管调光电路的测量和维修

考核要求

（1）考试时间：60 min。

（2）考核方式：实操 + 笔试。

（3）试卷抽取方式：由考生随机抽取故障序号。

（4）本题分值：30 分。

（5）具体考核要求：双向晶闸管调光电路的测量和维修。

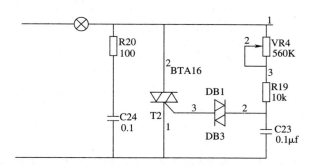

笔试部分：

（1）正确识读给定的电路图，回答电位器 VR4 变大时，灯泡的亮度如何变化？

答：

（2）正确使用工具，简述使用电烙铁的注意事项。

答：

（3）正确使用仪表，简述直流单臂电桥的使用方法。

答：

（4）安全文明生产，说明电气安全用具使用注意事项。

答：

操作部分：排除 3 处故障，其中，线路故障 1 处，器件故障 2 处。

（5）在不带电状态下查找故障点并在原理图上标注。

（6）排除故障，恢复电路功能。

（7）通电运行，实现电路的各项功能。

职业技能鉴定国家题库

维修电工中级操作技能考核评分记录表

考件编号：_____ 姓名：_____ 准考证号：_____ 单位：_____

总 成 绩 表

序号	试题名称	配分	得分	权重	最后得分	备注
1	三相交流异步电动机反接制动控制电路的安装与调试	35				
2	PLC 控制三相异步电动机降压启动安装与调试	35				
3	双向晶闸管调光电路的测量和维修	30				
合　计		100				

统分人： 　　　　　　　　　　　　　　　　　　　　　年　月　日

试题 1. 三相交流异步电动机反接制动控制电路的安装与调试

序号	考核内容	考核要点	配分	评分标准	扣分	得分
1	识图	正确识图 正确回答笔试问题	5	笔试部分见参考答案和评分标准 本项配分扣完为止		

续表

序号	考核内容	考核要点	配分	评分标准	扣分	得分
2	工具使用	正确使用工具 正确回答笔试问题	2	工具使用不正确，每次扣2分 笔试部分见参考答案和评分标准 本项配分扣完为止		
3	仪表使用	正确使用仪表 正确回答笔试问题	2	仪表使用不正确，每次扣2分 笔试部分见参考答案和评分标准 本项配分扣完为止		
4	安全文明生产	（1）明确安全用电的主要内容 （2）操作过程符合文明生产要求	3	（1）笔试部分见参考答案和评分标准 （2）未经考评员同意私自通电扣3分 损坏设备扣2分 损坏工具、仪表扣1分 发生轻微触电事故扣3分 本项配分扣完为止		
5	安装布线	按照电气安装规范，依据电路图正确完成本次考核线路的安装和接线	13	（1）不按图接线，每处扣2分 （2）电源线和负载不经接线端子排接线，每根导线扣2分 （3）电器安装不牢固、不平整，不符合设计及产品技术文件的要求，每项扣2分 （4）电动机外壳没有接零或接地，扣3分 （5）导线裸露部分没有加套绝缘管，每处扣2分 本项配分扣完为止		
6	试运行	（1）通电前检测设备、元器件及电路 （2）通电试运行实现电路功能	10	（1）通电运行发生短路和开路现象扣10分 （2）通电运行异常，每项扣5分 本项配分扣完为止		
合计			35			

否定项：若考生发生重大设备和人身事故，应及时终止其考试，考生该试题成绩记为零分。

笔试部分参考答案和评分标准：

（1）写出下列图形文字符号的名称（本题分值5分，每错一处扣1分）。

QS（电源开关）；KM1（交流接触器）；KA（中间继电器）；KH（热继电器）；KS（速度继电器）。

（2）简述旋具使用注意事项（本题分值2分，错答或漏答一条扣0.5分）。

答：1）依据螺钉的形状和大小选择合适的旋具；2）带电作业时，应注意旋具绝缘等级，同时旋具的金属杆上应套绝缘管；3）穿芯旋具不允许带电作业；4）不允许将旋具当成錾子使用。

（3）简述兆欧表的使用方法（本题分值2分，错答或漏答一条扣0.4分）。

答：1）使用前要进行开路和短路试验；2）不能带电测量绝缘电阻，测试前对被测设备断电并进行放电；3）L接线路，E接外壳，G接屏蔽层；4）以120 r/min的速度匀速摇动兆欧表，指针稳定后读数；5）测试结束后应缓慢停止摇动兆欧表。

（4）说明在断电操作中，隔离开关和断路器的操作顺序（本题分值3分，回答错误扣3分）。

答：应先断开断路器，后断开隔离开关。

评分人：　　　　年　月　日　　　　核分人：　　　　年　月　日

试题2. PLC控制三相异步电动机降压启动安装与调试

序号	考核内容	考核要点	配分	评分标准	扣分	得分
1	识图	正确识图 正确回答笔试问题	5	笔试部分见参考答案和评分标准 本项配分扣完为止		
2	工具的使用	正确使用工具 正确回答笔试问题	2	工具使用不正确，每次扣2分 笔试部分见参考答案和评分标准 本项配分扣完为止		
3	仪表的使用	正确使用仪表 正确回答笔试问题	2	仪表使用不正确，每次扣2分 笔试部分见参考答案和评分标准 本项配分扣完为止		
4	安全文明生产	（1）明确安全用电的主要内容 （2）操作过程符合文明生产要求	3	（1）笔试部分见参考答案和评分标准 （2）未经考评员同意私自通电扣3分 损坏设备扣2分 损坏工具、仪表扣1分 发生轻微触电事故扣3分 本项配分扣完为止		

续表

序号	考核内容	考核要点	配分	评分标准	扣分	得分
5	安装布线	按照电气安装规范，依据电路图正确完成本次考核线路的安装和接线	8	（1）不按图接线，每处扣1分 （2）电源线和负载不经接线端子排接线，每根导线扣1分 （3）电器安装不牢固、不平整，不符合设计及产品技术文件的要求，每项扣1分 （4）电动机外壳没有接零或接地，扣2分 （5）导线裸露部分没有加套绝缘管，每处扣1分 本项配分扣完为止		
6	试运行	（1）通电前检测设备、元器件及电路 （2）通电试运行实现电路功能	15	（1）通电运行发生短路和开路现象扣10分 （2）通电运行异常，每项扣5分 本项配分扣完为止		
合计			35			

否定项：若考生发生重大设备和人身事故，应及时终止其考试，考生该试题成绩记为零分。

笔试部分参考答案和评分标准：

（1）绘制PLC的I/O接口图和梯形图（本题分值5分，每错一处扣1分）。

考评员依据具体考核要求，参考运行结果，对I/O接口图和梯形图进行评分。

（2）简述压线钳使用注意事项（本题分值2分，错答或漏答一条扣0.5分）。

答：1）依据导线规格不同，选择合适的压线钳和钳口；2）压坑不得过浅，否则线头容易抽出；3）每压完一个坑，应保持一定时间再松开；4）不能把压线钳当榔头使用。

（3）简述电流互感器的使用方法（本题分值2分，错答或漏答一条扣0.5分）。

答：1）依据负载最大电流和仪表最大量程选择合适的电流互感器；2）一次绕组必须和负载串联；3）二次绕组接电流表或电流线圈，二次侧串联的电流表或电流线圈不超过5个；4）二次侧不允许开路，并要和铁芯一起可靠接地。

（4）说明我国根据环境条件不同规定的安全电压等级有哪些（本题分值3分，回答错误扣3分）。

答：我国安全电压等级有6 V、12 V、24 V、36 V、42 V。

评分人：　　　　年　月　日　　　　　　核分人：　　　　年　月　日

试题3. 双向晶闸管调光电路的测量和维修

故障点代码____、____、____。（由考生随机抽取，考评员填写）

序号	考核项目	考核要求	配分	评分标准	扣分	得分
1	识图	正确识图 正确回答笔试问题	5	笔试部分见参考答案和评分标准		
2	工具的使用	正确使用工具 正确回答笔试问题	2	工具使用不正确，每次扣2分 笔试部分见参考答案和评分标准 本项配分扣完为止		
3	仪表的使用	正确使用仪表 正确回答笔试问题	2	仪表使用不正确，每次扣2分 笔试部分见参考答案和评分标准 本项配分扣完为止		
4	安全文明生产	（1）明确安全用电的主要内容 （2）操作过程符合文明生产要求	3	（1）笔试部分见参考答案和评分标准 （2）未经考评员同意私自通电扣3分 损坏设备扣2分 损坏工具、仪表扣1分 发生轻微触电事故扣3分 本项配分扣完为止		
5	故障查找	找出故障点，在原理图上标注	10	错标或漏标故障点，每处扣5分 本项配分扣完为止		
6	故障排除	排除电路各处故障	3	（1）每少排除1处故障点扣2分 （2）排除故障时产生新的故障后不能自行修复，扣2分 本项配分扣完为止		
7	通电运行	（1）通电前检测设备、元器件及电路 （2）电路各项功能恢复正常	5	（1）通电运行发生短路和开路现象扣5分 （2）通电运行出现异常，每处扣2分 本项配分扣完为止		
合计			30			

否定项：若考生发生重大设备和人身事故，应及时终止其考试，考生该试题成绩记为零分。

笔试部分参考答案和评分标准：

（1）回答电位器 VR4 变大时，灯泡的亮度如何变化（本题分值 5 分，每错一处扣 2 分，扣完为止）。

答：1）电位器 VR4 越大，电容器 C23 充电越慢；2）晶闸管在每个周期中导通越迟；3）灯泡两端的电压越低；4）灯泡的亮度越低。

（2）简述使用电烙铁的注意事项（本题分值 2 分，错答或漏答一条扣 0.5 分）。

答：1）要依据元件大小选择合适功率的电烙铁；2）烙铁头和管脚引线焊接之前要先搪锡；3）电烙铁不用时要搁置在烙铁架上，使用过程中不准甩锡；4）焊接集成电路时要接地或断电焊接，使用完毕及时断电。

（3）简述直流单臂电桥的使用方法（本题分值 2 分，错答或漏答一条扣 0.5 分）。

答：1）检流计调零；2）依据电阻粗测值选择合适的比例臂和比较臂；3）按下电源 B 和检流计 G，观察检流计指针偏转方向，增减比较臂电阻；4）检流计指向零位时，比较臂电阻乘以比例臂为电阻阻值。

（4）回答电气安全用具使用注意事项（本题分值 3 分，回答错误扣 3 分）。

答：1）安全用具的电压等级低于作业设备的电压等级不可使用；2）安全用具有缺陷不可使用；3）安全用具潮湿不可使用。

评分人：　　　年　月　日　　　　核分人：　　　年　月　日

操作技能考核模拟试卷（二）

职业技能鉴定国家题库

维修电工中级操作技能考核试卷

注 意 事 项

一、本试卷依据 2009 年颁布的《维修电工》国家职业标准命制。

二、请根据试题考核要求，完成考试内容。

三、请服从考评人员指挥，保证考核安全顺利进行。

试题 1. 三相交流异步电动机位置控制电路的安装与调试

考核要求

（1）正确使用电工工具及仪器、仪表。

（2）正确安装、接线并调试成功。

（3）考核注意事项

1）满分 35 分，时间 120 min。

2）安全文明操作。

（4）按照电气安装规范，依据下图所示的电路图正确完成工作台自动往返控制线路的安装、接线和调试。

笔试部分：

（1）正确识读给定的电路图；写出下列图形文字符号的名称。

QS（　　　　　　）；FU2（　　　　　　　　）；SB1（　　　　　　　）；KH（　　　　　　　）；SQ3（　　　　　）。

（2）正确使用工具，简述验电器使用注意事项。

答：

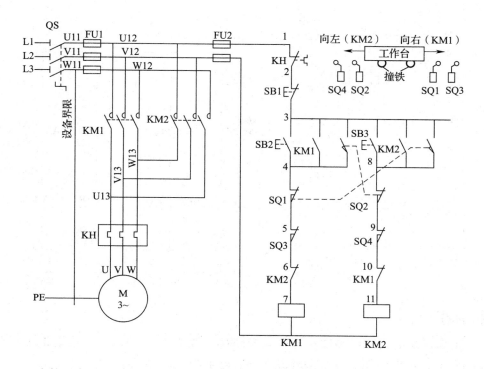

（3）正确使用仪表，简述指针式万用表测量交流电压的使用方法。

答：

（4）安全文明生产，说明在已经装设临时接地线的隔离开关上，应悬挂什么文字的标示牌。

答：

试题2. PLC控制三相异步电动机反接制动安装与调试

考核要求

（1）考试时间：120 min。

（2）考核方式：实操＋笔试。

（3）本题分值：35 分。

（4）具体考核要求：按照电气安装规范，依据下图主电路，绘制 I/O 接线图，正确完成 PLC 控制电动机反接制动线路的安装、接线和调试。

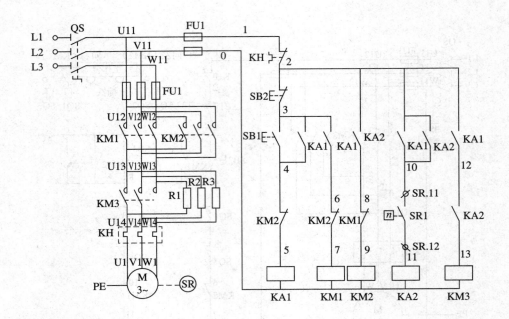

笔试部分：

（1）正确识读给定的电路图；将控制电路部分改为 PLC 控制，在答题纸上正确绘制 PLC 的 I/O 口（输入/输出）接线图并设计 PLC 梯形图。

（2）正确使用工具，简述使用套筒扳手的注意事项。

答：

（3）正确使用仪表，简述功率表的使用方法。

答：

（4）安全文明生产，说明高压设备发生接地故障时，人体与接地点的安全距离。

答：

操部作分：

（5）按照电气安装规范，将控制电路部分改为 PLC 控制，依据主电路和绘制的 I/O 接线图正确完成 PLC 控制电动机启动线路的安装和接线。

（6）正确编制程序并输入 PLC 中。

（7）通电试运行。

笔试部分答题纸：

（1）PLC 接线图。

（2）PLC 梯形图。

试题 3. RC 阻容放大电路的测量和维修

考核要求

（1）考试时间：60 min。

（2）考核方式：实操 + 笔试。

（3）试卷抽取方式：由考生随机抽取故障序号。

（4）本题分值：30 分。

（5）具体考核要求：RC 阻容放大电路的测量和维修。

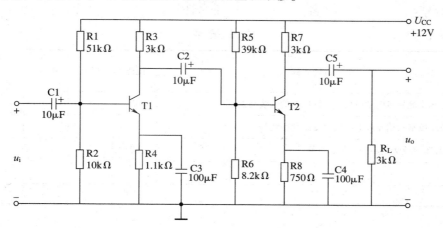

笔试部分：

（1）正确识读给定的电路图，回答图中如何保证静态工作点的稳定。

答：

（2）正确使用工具，简述使用电动吸锡器的注意事项。

答：

（3）正确使用仪表，简述使用示波器的注意事项。

答：

（4）安全文明生产，说明安装行灯时应符合哪些要求。

答：

操作部分：排除3处故障，其中线路故障1处，器件故障2处。

（5）在不带电状态下查找故障点并在原理图上标注。

（6）排除故障，恢复电路功能。

（7）通电运行，实现电路的各项功能。

职业技能鉴定国家题库

维修电工中级操作技能考核评分记录表

考件编号：_____ 姓名：_____ 准考证号：_____ 单位：_____

总 成 绩 表

序号	试题名称	配分	得分	权重	最后得分	备注
1	三相交流异步电动机位置控制电路的安装与调试	35				
2	PLC 控制三相异步电动机反接制动安装与调试	35				
3	RC 阻容放大电路的测量和维修	30				
合　计		100				

统分人： 年 月 日

试题 1.　三相交流异步电动机位置控制电路的安装与调试

序号	考核内容	考核要点	配分	评分标准	扣分	得分
1	识图	正确识图 正确回答笔试问题	5	笔试部分见参考答案和评分标准 本项配分扣完为止		
2	工具使用	正确使用工具 正确回答笔试问题	2	工具使用不正确，每次扣 2 分 笔试部分见参考答案和评分标准 本项配分扣完为止		
3	仪表使用	正确使用仪表 正确回答笔试问题	2	仪表使用不正确，每次扣 2 分 笔试部分见参考答案和评分标准 本项配分扣完为止		
4	安全文明生产	（1）明确安全用电的主要内容 （2）操作过程符合文明生产要求	3	（1）笔试部分见参考答案和评分标准 （2）未经考评员同意私自通电扣 3 分 损坏设备扣 2 分 损坏工具、仪表扣 1 分 发生轻微触电事故扣 3 分 本项配分扣完为止		
5	安装布线	按照电气安装规范，依据电路图正确完成本次考核线路的安装和接线	13	（1）不按图接线，每处扣 2 分 （2）电源线和负载不经接线端子排接线，每根导线扣 2 分 （3）电器安装不牢固、不平整，不符合设计及产品技术文件的要求，每项扣 2 分 （4）电动机外壳没有接零或接地，扣 3 分 （5）导线裸露部分没有加套绝缘管，每处扣 2 分 本项配分扣完为止		
6	试运行	（1）通电前检测设备、元器件及电路 （2）通电试运行实现电路功能	10	（1）通电运行发生短路和开路现象扣 10 分 （2）通电运行异常，每项扣 5 分 本项配分扣完为止		
合计			35			
否定项：若考生发生重大设备和人身事故，应及时终止其考试，考生该试题成绩记为零分。						

笔试部分参考答案和评分标准：

（1）写出下列图形文字符号的名称（本题分值5分，每错一处扣1分）。

QS（电源开关）；FU2（熔断器）；SB1（按钮）；KH（热继电器）；SQ3（行程开关）。

（2）简述验电器使用注意事项（本题分值2分，错答或漏答一条扣0.5分）。

答：1）确认被测体电压在60～500 V之间；2）使用之前要检查验电器中有无安全电阻；3）测试前在明确的带电体上确认验电器是好的；4）采用正确的握姿，手要与验电器尾端的金属接触。

（3）简述指针式万用表测量交流电压的使用方法（本题分值2分，错答或漏答一条扣0.5分）。

答：1）使用前机械调零；2）预估被测交流电压的大小，选择量程，未知被测量应选用最大量程；3）测量交流电压时，一般无须区别高低电位；4）依据被测量测量结果调整量程，使表针偏转2/3左右，并正确读数。

（4）在已装设临时接地线的隔离开关上应悬挂什么文字的标示牌（本题分值3分，回答错误扣3分）。

答：应悬挂"已接地！"的标示牌。

评分人：　　　　年　月　日　　　　　　核分人：　　　　年　月　日

试题2．PLC控制三相异步电动机反接制动安装与调试

序号	考核内容	考核要点	配分	评分标准	扣分	得分
1	识图	正确识图 正确回答笔试问题	5	笔试部分见参考答案和评分标准 本项配分扣完为止		
2	工具的使用	正确使用工具 正确回答笔试问题	2	工具使用不正确，每次扣2分 笔试部分见参考答案和评分标准 本项配分扣完为止		
3	仪表的使用	正确使用仪表 正确回答笔试问题	2	仪表使用不正确，每次扣2分 笔试部分见参考答案和评分标准 本项配分扣完为止		
4	安全文明生产	（1）明确安全用电的主要内容 （2）操作过程符合文明生产要求	3	（1）笔试部分见参考答案和评分标准 （2）未经考评员同意私自通电扣3分 损坏设备扣2分 损坏工具、仪表扣1分 发生轻微触电事故扣3分 本项配分扣完为止		

续表

序号	考核内容	考核要点	配分	评分标准	扣分	得分
5	安装布线	按照电气安装规范,依据电路图正确完成本次考核线路的安装和接线	8	(1) 不按图接线,每处扣1分 (2) 电源线和负载不经接线端子排接线,每根导线扣1分 (3) 电器安装不牢固、不平整,不符合设计及产品技术文件的要求,每项扣1分 (4) 电动机外壳没有接零或接地,扣2分 (5) 导线裸露部分没有加套绝缘管,每处扣1分 本项配分扣完为止		
6	试运行	(1) 通电前检测设备、元器件及电路 (2) 通电试运行实现电路功能	15	(1) 通电运行发生短路和开路现象扣10分 (2) 通电运行异常,每项扣5分 本项配分扣完为止		
合计			35			

否定项:若考生发生重大设备和人身事故,应及时终止其考试,考生该试题成绩记为零分。

笔试部分参考答案和评分标准:

(1) 绘制 PLC 的 I/O 接口图和梯形图(本题分值5分,每错一处扣1分)。

考评员依据具体考核要求,参考运行结果,对 I/O 接口图和梯形图进行评分。

(2) 简述使用套筒扳手的注意事项(本题分值2分,错答或漏答一条扣0.5分)。

答:1)依据螺母的大小选择合适规格的套筒;2)扭动前必须把手柄接头安装稳定才能用力,防止打滑脱落伤人;3)扭动手柄时用力要平稳,用力方向与被扭件的中心轴线垂直;4)套筒变形或有裂纹时严禁使用。

(3) 简述功率表的使用方法(本题分值2分,错答或漏答一条扣0.5分)。

答:1)根据负载的额定电压、额定电流和额定功率来选择功率表的电压、电流、功率量程,三者都必须满足要求;2)直流负载接线时要注意正负极,交流负载接线时注意同名端;3)使用互感器时,结果要乘上互感器的变比;4)接线正确指针反偏时,将电流线圈反接,读数加负号。

(4) 高压设备发生接地故障时,说明人体与接地点的安全距离(本题分值3分,回答错误扣3分)。

答:室内为4 m,室外为8 m。

评分人: 年 月 日 核分人: 年 月 日

试题 3．RC 阻容放大电路的测量和维修

故障点代码＿＿ 、＿＿ 、＿＿ 。（由考生随机抽取，考评员填写）

序号	考核项目	考核要求	配分	评分标准	扣分	得分
1	识图	正确识图 正确回答笔试问题	5	笔试部分见参考答案和评分标准		
2	工具的使用	正确使用工具 正确回答笔试问题	2	工具使用不正确，每次扣 2 分 笔试部分见参考答案和评分标准 本项配分扣完为止		
3	仪表的使用	正确使用仪表 正确回答笔试问题	2	仪表使用不正确，每次扣 2 分 笔试部分见参考答案和评分标准 本项配分扣完为止		
4	安全文明生产	（1）明确安全用电的主要内容 （2）操作过程符合文明生产要求	3	（1）笔试部分见参考答案和评分标准 （2）未经考评员同意私自通电扣 3 分 损坏设备扣 2 分 损坏工具、仪表扣 1 分 发生轻微触电事故扣 3 分 本项配分扣完为止。		
5	故障查找	找出故障点，在原理图上标注	10	错标或漏标故障点，每处扣 5 分 本项配分扣完为止		
6	故障排除	排除电路各处故障	3	（1）每少排除 1 处故障点扣 2 分 （2）排除故障时产生新的故障后不能自行修复，扣 2 分 本项配分扣完为止		
7	通电运行	（1）通电前检测设备、元器件及电路 （2）电路各项功能恢复正常	5	（1）通电运行发生短路和开路现象扣 5 分 （2）通电运行出现异常，每处扣 2 分 本项配分扣完为止		
合计			30			

否定项：若考生发生重大设备和人身事故，应及时终止其考试，考生该试题成绩记为零分。

笔试部分参考答案和评分标准：

（1）回答图中如何保证静态工作点的稳定（本题分值 5 分，每错一处扣 2 分，扣完

为止）。

答：1）利用耦合电容作隔离，保证前后级之间相互不干扰；2）采用分压式偏置电路，基极电位比较稳定；3）发射极电阻具有直流负反馈作用，能自动稳定静态工作点。

（2）简述使用电动吸锡器的注意事项（本题分值2分，错答或漏答一条扣0.5分）。

答：1）依据元器件管脚引线粗细选择合适规格的吸嘴；2）依据焊点大小选择合适的温度；3）吸锡器使用前要清理吸嘴和吸管内的焊锡，保证吸锡通畅；4）使用一段时间后及时更换过滤片，保证足够的吸力。

（3）简述使用简述示波器的注意事项（本题分值2分，错答或漏答一条扣0.4分）。

答：1）示波器接通电源后需要预热数分钟后才能使用；2）不要频繁开关示波器；3）荧光屏上光点或波形的亮度适当，光点不要长时间停留在一点上；4）精确测量时，垂直微调旋钮和扫描微调旋钮均要处于校准位置；5）示波器的接地端与信号接地端应接在一起，同时注意两个输入信号的接地端是否连通，使用时要防止造成短路。

（4）说明安装行灯时应符合哪些要求（本题分值3分，错答或漏答一条扣1分）。

答：1）行灯的安装应符合要求，电压不得超过36 V，金属容器内使用时，电压不得超过12V；2）灯体和手柄应绝缘良好，坚固耐热，耐潮湿，灯头与灯体结合坚固，灯头应无开关；3）灯泡外部应有金属保护网，其金属网反光罩和悬吊挂钩，均应固定在灯具的绝缘部分上。

评分人： 年 月 日 核分人： 年 月 日

操作技能考核模拟试卷（三）

职业技能鉴定国家题库

维修电工中级操作技能考核试卷

注 意 事 项

一、本试卷依据 2009 年颁布的《维修电工》国家职业标准命制。

二、请根据试题考核要求，完成考试内容。

三、请服从考评人员指挥，保证考核安全顺利进行。

试题 1. 三相交流异步电动机能耗制动控制电路的安装与调试

考核要求

（1）正确使用电工工具及仪器、仪表。

（2）正确安装、接线并调试成功。

（3）考核注意事项

1）满分 35 分，时间 120 min。

2）安全文明操作。

（4）按照电气安装规范，依据下图所示的电路图正确完成电动机能耗制动控制线路的安装、接线和调试。

笔试部分：

（1）正确识读给定的电路图，写出下列图形文字符号的名称。

SB2（　　　　　）；RP（　　　　　）；KT（　　　　　）；KH（　　　　　）；TD（　　　　　）。

（2）正确使用工具，简述使用斜嘴钳的注意事项。

答：

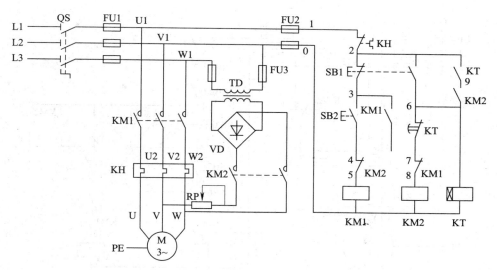

（3）正确使用仪表，简述使用指针式万用表测量直流电阻的方法。

答：

（4）安全文明生产，说明在送电操作中，隔离开关和断路器的操作顺序。

答：

试题2. PLC控制三相异步电动机正反转安装与调试

考核要求

（1）考试时间：120 min。

（2）考核方式：实操 + 笔试。

（3）本题分值：35 分。

（4）具体考核要求：按照电气安装规范，依据下图所示的主电路绘制 I/O 接线图，正确完成 PLC 控制电动机两地正反转线路的安装、接线和调试。

笔试部分：

（1）正确识读给定的电路图，将控制电路部分改为 PLC 控制，在答题纸上正确绘制 PLC 的 I/O 口（输入/输出）接线图并设计 PLC 梯形图。

（2）正确使用工具，简述使用接地线的注意事项。

答：

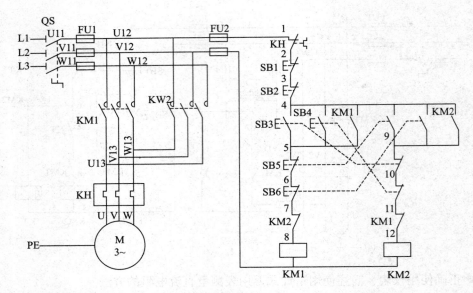

（3）正确使用仪表，简述使用万用表测量三极管放大倍数的方法。

答：

（4）安全文明生产，说明接地和接零按工作性质分为哪四种。

答：

操部作分：

（5）按照电气安装规范，将控制电路部分改为 PLC 控制，依据主电路和绘制的 I/O 接线图正确完成 PLC 控制电动机启动线路的安装和接线。

（6）正确编制程序并输入 PLC 中。

（7）通电试运行。

笔试部分答题纸：

（1）PLC 接线图。

（2）PLC 梯形图。

试题 3．三端稳压电路的测量和维修

考核要求

（1）考试时间：60 min。

（2）考核方式：实操 + 笔试。

（3）试卷抽取方式：由考生随机抽取故障序号。

（4）本题分值：30 分。

（5）具体考核要求：三端稳压电路的测量和维修。

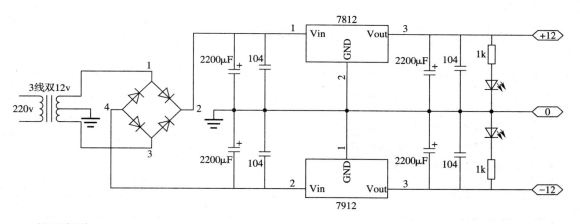

笔试部分：

（1）正确识读给定的电路图，回答整流桥中一只整流二极管开路，电路会出现什么情况？

答：

（2）正确使用工具，简述使用热风枪的注意事项。

答：

（3）正确使用仪表，简述示波器的使用方法。

答：

（4）安全文明生产，说明直接接触的防护措施有哪些。

答：

操作部分：排除3处故障，其中线路故障1处，器件故障2处。

（5）在不带电状态下查找故障点并在原理图上标注。

（6）排除故障，恢复电路功能。

（7）通电运行，实现电路的各项功能。

职业技能鉴定国家题库

维修电工中级操作技能考核评分记录表

考件编号：＿＿＿＿＿ 姓名：＿＿＿＿＿ 准考证号：＿＿＿＿＿ 单位：＿＿＿＿＿

总 成 绩 表

序号	试题名称	配分	得分	权重	最后得分	备注
1	三相交流异步电动机能耗制动控制电路的安装与调试	35				
2	PLC控制三相异步电动机正反转安装与调试	35				
3	三端稳压电路的测量和维修	30				
合 计		100				

统分人： 年 月 日

试题1. 三相交流异步电动机能耗制动控制电路的安装与调试

序号	考核内容	考核要点	配分	评分标准	扣分	得分
1	识图	正确识图 正确回答笔试问题	5	笔试部分见参考答案和评分标准 本项配分扣完为止		
2	工具使用	正确使用工具 正确回答笔试问题	2	工具使用不正确，每次扣2分 笔试部分见参考答案和评分标准 本项配分扣完为止		

序号	考核内容	考核要点	配分	评分标准	扣分	得分
3	仪表使用	正确使用仪表 正确回答笔试问题	2	仪表使用不正确，每次扣2分 笔试部分见参考答案和评分标准 本项配分扣完为止		
4	安全文明生产	（1）明确安全用电的主要内容 （2）操作过程符合文明生产要求	3	（1）笔试部分见参考答案和评分标准 （2）未经考评员同意私自通电扣3分 损坏设备扣2分 损坏工具、仪表扣1分 发生轻微触电事故扣3分 本项配分扣完为止		
5	安装布线	按照电气安装规范，依据电路图正确完成本次考核线路的安装和接线	13	（1）不按图接线，每处扣2分 （2）电源线和负载不经接线端子排接线，每根导线扣2分 （3）电器安装不牢固、不平整，不符合设计及产品技术文件的要求，每项扣2分 （4）电动机外壳没有接零或接地，扣3分 （5）导线裸露部分没有加套绝缘管，每处扣2分 本项配分扣完为止		
6	试运行	（1）通电前检测设备、元器件及电路 （2）通电试运行实现电路功能	10	（1）通电运行发生短路和开路现象扣10分 （2）通电运行异常，每项扣5分 本项配分扣完为止		
合计			35			

否定项：若考生发生重大设备和人身事故，应及时终止其考试，考生该试题成绩记为零分。

笔试部分参考答案和评分标准：

（1）写出下列图形文字符号的名称（本题分值5分，每错一处扣1分）。

SB2（按钮）；RP（滑动变阻器）；KT（时间继电器）；KH1（热继电器）；TD（控制变压器）。

（2）简述使用斜嘴钳的注意事项（本题分值2分，错答或漏答一条扣0.5分）。

答：1）专门用来剪断较粗的金属丝、线材及电线电缆等；2）对粗细不同、硬度不同的材料，应选用大小合适的斜嘴钳；3）带电作业时要检查绝缘手柄的好坏，并注意耐压等级；4）不允许同时剪切两根不同的电位或相位的带电导线。

（3）简述使用指针式万用表测量直流电阻的方法（本题分值 2 分，错答或漏答一条扣 0.4 分）。

答：1）使用前欧姆调零；2）预估被测电阻的大小，选择合适量程，使表针偏转 1/2 左右；3）不能带电测量电阻；4）不能用手同时接触两只表笔；5）欧姆刻度线是一个不均匀的反刻度线。

（4）说明送电操作中，隔离开关和断路器的操作顺序（本题分值 3 分，回答错误扣 3 分）。

答：应先合上隔离开关，后合上断路器。

评分人：　　　　年　月　日　　　　　核分人：　　　　年　月　日

试题 2.　PLC 控制三相异步电动机正反转安装与调试

序号	考核内容	考核要点	配分	评分标准	扣分	得分
1	识图	正确识图 正确回答笔试问题	5	笔试部分见参考答案和评分标准 本项配分扣完为止		
2	工具的使用	正确使用工具 正确回答笔试问题	2	工具使用不正确，每次扣 2 分 笔试部分见参考答案和评分标准 本项配分扣完为止		
3	仪表的使用	正确使用仪表 正确回答笔试问题	2	仪表使用不正确，每次扣 2 分 笔试部分见参考答案和评分标准 本项配分扣完为止		
4	安全文明生产	（1）明确安全用电的主要内容 （2）操作过程符合文明生产要求	3	（1）笔试部分见参考答案和评分标准 （2）未经考评员同意私自通电扣 3 分 损坏设备扣 2 分 损坏工具、仪表扣 1 分 发生轻微触电事故扣 3 分 本项配分扣完为止		
5	安装布线	按照电气安装规范，依据电路图正确完成本次考核线路的安装和接线	8	（1）不按图接线，每处扣 1 分 （2）电源线和负载不经接线端子排，接线每根导线扣 1 分 （3）电器安装不牢固、不平整，不符合设计及产品技术文件的要求，每项扣 1 分 （4）电动机外壳没有接零或接地，扣 2 分 （5）导线裸露部分没有加套绝缘管，每处扣 1 分 本项配分扣完为止		

续表

序号	考核内容	考核要点	配分	评分标准	扣分	得分
6	试运行	（1）通电前检测设备、元器件及电路 （2）通电试运行实现电路功能	15	（1）通电运行发生短路和开路现象扣10分 （2）通电运行异常，每项扣5分 本项配分扣完为止		
合计			35			

否定项：若考生发生重大设备和人身事故，应及时终止其考试，考生该试题成绩记为零分。

笔试部分参考答案和评分标准：

（1）绘制 PLC 的 I/O 接口图和梯形图（本题分值5分，每错一处扣1分）。

考评员依据具体考核要求，参考运行结果，对 I/O 接口图和梯形图进行评分。

（2）简述接地线使用注意事项（本题分值2分，错答或漏答一条扣0.5分）。

答：1）根据不同的电压等级，选择不同接地线，接地线使用前必须进行检查，确保完好；2）挂接接地线之前必须验电；3）工作地点两端挂接接地线，保证接地线接地性能良好；4）使用完毕必须及时拆除接地线。

（3）简述使用万用表测量三极管放大倍数的方法（本题分值2分，错答或漏答一条扣0.5分）。

答：1）用电阻档测试管脚间正反向电阻，判断管型和基极；2）使用 h_{FE} 挡位，依据管型和基极选择三极管测试插座；3）假设集电极和发射极，测试两次放大倍数；4）放大倍数大的一次结果有效，并且假设的集电极和发射极正确。

（4）说明接地和接零按工作性质分为哪四种（本题分值3分，回答错误扣3分）。

答：接地和接零按工作性质分为工作接地、保护接地、重复接地、保护接零。

评分人：　　　　年　月　日　　　　　　核分人：　　　　年　月　日

试题3．三端稳压电路的测量和维修

故障点代码____、____、____。（由考生随机抽取，考评员填写）

序号	考核项目	考核要求	配分	评分标准	扣分	得分
1	识图	正确识图 正确回答笔试问题	5	笔试部分见参考答案和评分标准		
2	工具的使用	正确使用工具 正确回答笔试问题	2	工具使用不正确，每次扣2分 笔试部分见参考答案和评分标准 本项配分扣完为止		

续表

序号	考核项目	考核要求	配分	评分标准	扣分	得分
3	仪表的使用	正确使用仪表 正确回答笔试问题	2	仪表使用不正确，每次扣2分 笔试部分见参考答案和评分标准 本项配分扣完为止		
4	安全文明生产	（1）明确安全用电的主要内容 （2）操作过程符合文明生产要求	3	（1）笔试部分见参考答案和评分标准 （2）未经考评员同意私自通电扣3分 损坏设备扣2分 损坏工具、仪表扣1分 发生轻微触电事故扣3分 本项配分扣完为止		
5	故障查找	找出故障点，在原理图上标注	10	错标或漏标故障点，每处扣5分 本项配分扣完为止		
6	故障排除	排除电路各处故障	3	（1）每少排除1处故障点扣2分 （2）排除故障时产生新的故障后不能自行修复，扣2分 本项配分扣完为止		
7	通电运行	（1）通电前检测设备、元器件及电路 （2）电路各项功能恢复正常	5	（1）通电运行发生短路和开路现象扣5分 （2）通电运行出现异常，每处扣2分 本项配分扣完为止		
合计			30			

否定项：若考生发生重大设备和人身事故，应及时终止其考试，考生该试题成绩记为零分。

笔试部分参考答案和评分标准：

（1）回答整流桥中一只整流二极管开路，电路会出现什么情况（本题分值5分，每错一处扣2分，扣完为止）。

答：1）二次侧有一个绕组只工作半个周期，变成半波整流；2）造成其中一个三端稳压器的输入电压降低；3）三端集成稳压器的输出不稳定，无法输出。

（2）简述使用热风枪的注意事项（本题分值2分，错答或漏答一条扣0.5分）。

答：1）不要直接触摸热风枪前段金属管；2）根据器件大小选择合适的温度和距离；3）不要堵塞热风枪的进风口和出风口；4）暂时不用时及时断开电源，待热风枪完全冷却后整理收纳。

（3）简述示波器的使用方法（本题分值2分，错答或漏答一条扣0.4分）。

答：1）调节示波器的亮度和聚焦；2）依据输入信号性质选择输入信号开关和触发信号；3）依据输入信号大小和频率调节幅度衰减开关和扫描速度开关；4）调节微调旋钮到校准位置，调节触发时间调节旋钮使图形稳定；5）根据信号波形读数，计算大小和频率。

（4）说明回答直接接触的防护措施有哪些（本题分值3分，回答错误扣3分）。

答：直接接触的防护措施有绝缘、屏护、间距、采用安全电压、限制能耗和电气安全联锁等。

评分人：　　　年　月　日　　　　核分人：　　　年　月　日

操作技能考核模拟试卷（四）

职业技能鉴定国家题库

维修电工中级操作技能考核试卷

注 意 事 项

一、本试卷依据 2009 年颁布的《维修电工》国家职业标准命制。

二、请根据试题考核要求，完成考试内容。

三、请服从考评人员指挥，保证考核安全顺利进行。

试题1. 三相交流异步电动机正反转控制电路的安装与调试

考核要求

（1）正确使用电工工具及仪器、仪表。

（2）正确安装、接线并调试成功。

（3）考核注意事项：

1）满分 35 分，时间 120 min。

2）安全文明操作。

（4）按照电气安装规范，依据下图所示的电路图正确完成两地双重联锁控制线路的安装、接线和调试。

笔试部分：

（1）正确识读给定的电路图，写出下列图形文字符号的名称。

QS（   ）；FU2（   ）；KM1（   ）；KH（   ）；
SB6（   ）。

（2）正确使用工具，简述使用剥线钳的注意事项。

    答：

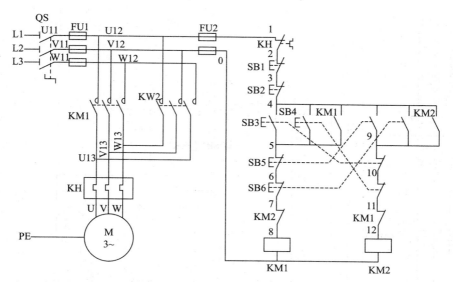

（3）正确使用仪表，简述使用指针式万用表测量直流电压的方法。

答：

（4）安全文明生产，说明在部分停电检修线路的开关上，应悬挂什么文字的标示牌。

答：

试题 2. PLC 控制三相异步电动机顺启逆停安装与调试

考核要求

（1）考试时间：120 min。

（2）考核方式：实操＋笔试。

（3）本题分值：35 分。

（4）具体考核要求：按照电气安装规范，依据下图所示的主电路绘制 I/O 接线图，正确完成 PLC 控制电动机顺序启动、逆序停止线路的安装、接线和调试。

笔试部分：

（1）正确识读给定的电路图，将控制电路部分改为 PLC 控制，在答题纸上正确绘制 PLC 的 I/O 口（输入/输出）接线图并设计 PLC 梯形图。

（2）正确使用工具，简述使用呆扳手的注意事项。

答：

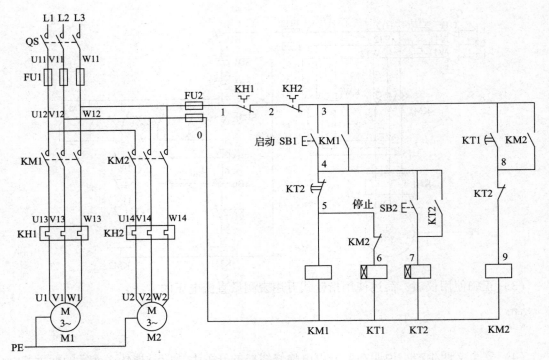

（3）正确使用仪表，简述电压互感器的使用方法。

答：

（4）安全文明生产，说明单相三孔插座的接线原则。

答：

操部作分：

（5）按照电气安装规范，将控制电路部分改为 PLC 控制，依据主电路和绘制的 I/O 接线图正确完成 PLC 控制电动机启动线路的安装和接线。

（6）正确编制程序并输入 PLC 中。

（7）通电试运行。

笔试部分答题纸：

（1）PLC 接线图。

（2）PLC 梯形图。

试题 3.　RC 桥式振荡电路的测量和维修

考核要求

（1）考试时间：60 min。

（2）考核方式：实操＋笔试。

（3）试卷抽取方式：由考生随机抽取故障序号。

（4）本题分值：30 分。

（5）具体考核要求：RC 桥式振荡电路的测量和维修。

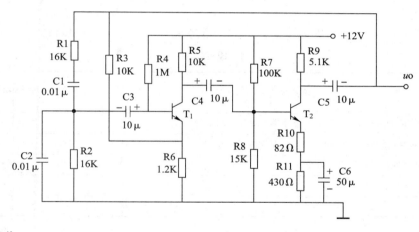

笔试部分：

（1）正确识读给定的电路图，回答电路工作原理。

答：

（2）正确使用工具，简述使用电动旋具的注意事项。

答：

（3）正确使用仪表，简述使用信号发生器的注意事项。

答：

（4）安全文明生产，说明用电安全的基本要素有哪些要求。

答：

操作部分：排除 3 处故障，其中线路故障 1 处，器件故障 2 处。

（5）在不带电状态下查找故障点并在原理图上标注。

（6）排除故障，恢复电路功能。

（7）通电运行，实现电路的各项功能。

职业技能鉴定国家题库

维修电工中级操作技能考核评分记录表

考件编号：_____ 姓名：_____ 准考证号：_____ 单位：_____

总 成 绩 表

序号	试题名称	配分	得分	权重	最后得分	备注
1	三相交流异步电动机正反转控制电路的安装与调试	35				
2	PLC 控制三相异步电动机顺启逆停安装与调试	35				
3	RC 桥式振荡电路的测量和维修	30				
	合　　计	100				

统分人：　　　　　　　　　　　　　　　　　　　　年　月　日

试题 1．三相交流异步电动机正反转控制电路的安装与调试

序号	考核内容	考核要点	配分	评分标准	扣分	得分
1	识图	正确识图 正确回答笔试问题	5	笔试部分见参考答案和评分标准 本项配分扣完为止		
2	工具使用	正确使用工具 正确回答笔试问题	2	工具使用不正确，每次扣 2 分 笔试部分见参考答案和评分标准 本项配分扣完为止		

续表

序号	考核内容	考核要点	配分	评分标准	扣分	得分
3	仪表使用	正确使用仪表 正确回答笔试问题	2	仪表使用不正确，每次扣 2 分 笔试部分见参考答案和评分标准 本项配分扣完为止		
4	安全 文明生产	(1) 明确安全用电的主要内容 (2) 操作过程符合文明生产要求	3	(1) 笔试部分见参考答案和评分标准 (2) 未经考评员同意私自通电扣 3 分 损坏设备扣 2 分 损坏工具、仪表扣 1 分 发生轻微触电事故扣 3 分 本项配分扣完为止		
5	安装 布线	按照电气安装规范，依据电路图正确完成本次考核线路的安装和接线	13	(1) 不按图接线，每处扣 2 分 (2) 电源线和负载不经接线端子排接线，每根导线扣 2 分 (3) 电器安装不牢固、不平整，不符合设计及产品技术文件的要求，每项扣 2 分 (4) 电动机外壳没有接零或接地，扣 3 分 (5) 导线裸露部分没有加套绝缘管，每处扣 2 分 本项配分扣完为止		
6	试运行	(1) 通电前检测设备、元器件及电路 (2) 通电试运行实现电路功能	10	(1) 通电运行发生短路和开路现象扣 10 分 (2) 通电运行异常，每项扣 5 分 本项配分扣完为止		
合计			35			

否定项：若考生发生重大设备和人身事故，应及时终止其考试，考生该试题成绩记为零分。

笔试部分参考答案和评分标准：

（1）写出下列图形文字符号的名称（本题分值 5 分，每错一处扣 1 分）。

QS（电源开关）；FU2（熔断器）；KM1（交流接触器）；KH（热继电器）；SB6（按钮）。

（2）简述使用剥线钳的注意事项（本题分值2分，错答或漏答一条扣0.5分）。

答：1）选择合适的规格；2）确定剥线长度；3）选择合适的槽口；4）用力恰当。

（3）简述使用指针式万用表测量直流电压的方法（本题分值2分，错答或漏答一条扣0.5分）。

答：1）使用前机械调零；2）预估被测直流电压的大小，选择量程，未知被测量应选用最大量程；3）红表笔接高电位，黑表笔接低电位；4）依据被测量测量结果调整量程，使表针偏转2/3左右，并正确读数。

（4）说明在部分停电检修线路的开关上应悬挂什么文字的标示牌（本题分值3分，回答错误扣3分）。

答：应悬挂"禁止合闸，有人工作！"的标示牌。

评分人：　　　　　年　月　日　　　　　核分人：　　　　　年　月　日

试题2. PLC控制三相异步电动机顺启逆停安装与调试

序号	考核内容	考核要点	配分	评分标准	扣分	得分
1	识图	正确识图 正确回答笔试问题	5	笔试部分见参考答案和评分标准 本项配分扣完为止		
2	工具的使用	正确使用工具 正确回答笔试问题	2	工具使用不正确，每次扣2分 笔试部分见参考答案和评分标准 本项配分扣完为止		
3	仪表的使用	正确使用仪表 正确回答笔试问题	2	仪表使用不正确，每次扣2分 笔试部分见参考答案和评分标准 本项配分扣完为止		
4	安全文明生产	（1）明确安全用电的主要内容 （2）操作过程符合文明生产要求	3	（1）笔试部分见参考答案和评分标准 （2）未经考评员同意私自通电扣3分 损坏设备扣2分 损坏工具、仪表扣1分 发生轻微触电事故扣3分 本项配分扣完为止		

序号	考核内容	考核要点	配分	评分标准	扣分	得分
5	安装布线	按照电气安装规范，依据电路图正确完成本次考核线路的安装和接线	8	（1）不按图接线，每处扣 1 分 （2）电源线和负载不经接线端子排接线，每根导线扣 1 分 （3）电器安装不牢固、不平整，不符合设计及产品技术文件的要求，每项扣 1 分 （4）电动机外壳没有接零或接地，扣 2 分 （5）导线裸露部分没有加套绝缘管，每处扣 1 分 本项配分扣完为止		
6	试运行	（1）通电前检测设备、元器件及电路 （2）通电试运行实现电路功能	15	（1）通电运行发生短路和开路现象扣 10 分 （2）通电运行异常，每项扣 5 分 本项配分扣完为止		
合计			35			

否定项：若考生发生重大设备和人身事故，应及时终止其考试，考生该试题成绩记为零分。

笔试部分参考答案和评分标准：

（1）绘制 PLC 的 I/O 接口图和梯形图（本题分值 5 分，每错一处扣 1 分）。

考评员依据具体考核要求，参考运行结果，对 I/O 接口图和梯形图进行评分。

（2）简述使用呆扳手的注意事项（本题分值 2 分，错答或漏答一条扣 0.5 分）。

答：1）依据螺母的大小选择合适规格的呆扳手；2）呆扳手规格尺寸选择过大时容易损坏螺母；3）不允许使用加力杆施加较大的扳拧力矩；4）只有敲击扳手可以当榔头使用。

（3）简述电压互感器的使用方法（本题分值 2 分，错答或漏答一条扣 0.5 分）。

答：1）依据负载最高电压和仪表最大量程选择合适的电压互感器；2）一次绕组必须和负载并联；3）二次绕组接电压表或电压线圈，二次侧并联的电压表或电压线圈不超过 5 个；4）二次侧不允许短路，并要和铁芯一起可靠接地。

（4）说明单相三孔插座的接线原则（本题分值 3 分，回答错误扣 3 分）。

答：单相三孔插座的接线原则是左零右火上接地。

评分人：　　　　年　月　日　　　　　　核分人：　　　　年　月　日

试题 3. RC 桥式振荡电路的测量和维修

故障点代码＿＿＿ 、 ＿＿＿ 、 ＿＿＿ 。（由考生随机抽取，考评员填写）

序号	考核项目	考核要求	配分	评分标准	扣分	得分
1	识图	正确识图 正确回答笔试问题	5	笔试部分见参考答案和评分标准		
2	工具的使用	正确使用工具 正确回答笔试问题	2	工具使用不正确，每次扣 2 分 笔试部分见参考答案和评分标准 本项配分扣完为止		
3	仪表的使用	正确使用仪表 正确回答笔试问题	2	仪表使用不正确，每次扣 2 分 笔试部分见参考答案和评分标准 本项配分扣完为止		
4	安全文明生产	（1）明确安全用电的主要内容 （2）操作过程符合文明生产要求	3	（1）笔试部分见参考答案和评分标准 （2）未经考评员同意私自通电扣 3 分 损坏设备扣 2 分 损坏工具、仪表扣 1 分 发生轻微触电事故扣 3 分 本项配分扣完为止		
5	故障查找	找出故障点，在原理图上标注	10	错标或漏标故障点，每处扣 5 分 本项配分扣完为止		
6	故障排除	排除电路各处故障	3	（1）每少排除 1 处故障点扣 2 分 （2）排除故障时产生新的故障后不能自行修复，扣 2 分 本项配分扣完为止		
7	通电运行	（1）通电前检测设备、元器件及电路 （2）电路各项功能恢复正常	5	（1）通电运行发生短路和开路现象扣 5 分 （2）通电运行出现异常，每处扣 2 分 本项配分扣完为止		
合计			30			

否定项：若考生发生重大设备和人身事故，应及时终止其考试，考生该试题成绩记为零分。

笔试部分参考答案和评分标准：

（1）回答电路工作原理（本题分值5分，每错一处扣2分，扣完为止）。

答：1）R1、C1、R2、C2组成选频电路，特定频率的信号才能保证选频网络的输出与输入同相；2）T1、T2及其偏置电路组成两级放大电路，保证输出信号与输入信号同相；3）将放大电路输出信号通过选频网络回送到放大电路输入端，满足频率要求的信号将形成正反馈，产生振荡。

（2）简述使用电动旋具的注意事项（本题分值2分，错答或漏答一条扣0.5分）。

答：1）依据螺钉大小选择合适的旋具头，调节好扭矩；2）通电前检查开关是否处于关闭位置，不用时及时关闭电源；3）更换旋具头时要断开电源；4）不摔打、撞击电动旋具。

（3）简述使用信号发生器的注意事项（本题分值2分，错答或漏答一条扣0.5分）。

答：1）信号发生器通电后需要预热10 min后才能输出稳定信号；2）信号发生器接入电路时要注意共地，以防止干扰；3）信号发生器的输出端不能对地短路；4）当信号发生器经衰减器输出时，只提供电压信号，不能带负载。

（4）说明用电安全的基本要素有哪些要求（本题分值3分，错答或漏答一条扣1分）。

答：用电安全的基本要素有：电气绝缘良好，保证安全距离，线路与插座容量与设备功率相适宜，具有明显、准确的标志。

评分人：　　　年　月　日　　　　　核分人：　　　年　月　日

操作技能考核模拟试卷（五）

职业技能鉴定国家题库

维修电工中级操作技能考核试卷

注 意 事 项

一、本试卷依据 2009 年颁布的《维修电工》国家职业标准命制。

二、请根据试题考核要求，完成考试内容。

三、请服从考评人员指挥，保证考核安全顺利进行。

试题 1．三相绕线转子异步电动机串电阻启动控制电路的安装与调试

考核要求

（1）正确使用电工工具及仪器、仪表。

（2）正确安装、接线并调试成功。

（3）考核注意事项

1）满分 35 分，时间 120 min。

2）安全文明操作。

（4）按照电气安装规范，依据下图所示的电路图正确完成电动机串电阻启动控制线路的安装、接线和调试。

笔试部分：

（1）正确识读给定的电路图，写出下列图形文字符号的名称。

QS（　　　　　　）；KM1（　　　　　　）；FU2（　　　　　　）；KH（　　　　　　）；KT2（　　　　　　）。

（2）正确使用工具，简述使用活扳手的注意事项。

答：

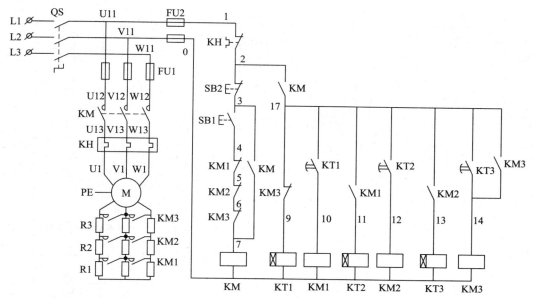

（3）正确使用仪表，简述钳形表的使用方法。

答：

（4）安全文明生产，按照有关安全规程，所用电气设备的外壳应有什么样的防护措施？

答：

试题 2. PLC 控制三相异步电动机能耗制动装调

考核要求

（1）考试时间：120 min

（2）考核方式：实操＋笔试。

（3）本题分值：35 分。

（4）具体考核要求：按照电气安装规范，依据下图所示的主电路绘制 I/O 接线图，正确完成 PLC 控制电动机能耗制动线路的安装、接线和调试。

笔试部分：

（1）正确识读给定的电路图，将控制电路部分改为 PLC 控制，在答题纸上正确绘制 PLC 的 I/O 口（输入/输出）接线图并设计 PLC 梯形图。

（2）正确使用工具；简述使用钢丝钳的注意事项。

答：

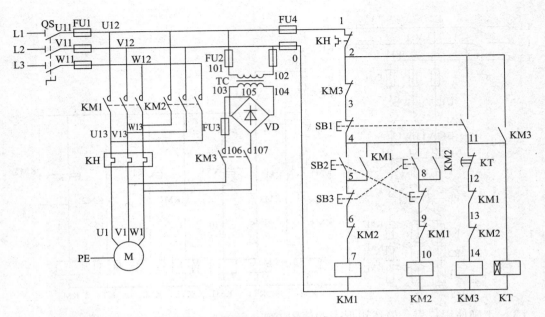

（3）正确使用仪表，简述接地电阻测量仪的使用方法。

答：

（4）安全文明生产，说明在室外地面高压设备四周的围栏上应悬挂什么内容的标示牌。

答：

操部作分：

（5）按照电气安装规范，将控制电路部分改为 PLC 控制，依据主电路和绘制的 I/O 接线图正确完成 PLC 控制电动机启动线路的安装和接线。

（6）正确编制程序并输入 PLC 中。

（7）通电试运行。

笔试部分答题纸：

（1）PLC 接线图。

（2）PLC 梯形图。

试题 3. 串联稳压电路的测量和维修

考核要求

（1）考试时间：60 min。

（2）考核方式：实操 + 笔试。

（3）试卷抽取方式：由考生随机抽取故障序号。

（4）本题分值：30 分。

（5）具体考核要求：串联稳压电路的测量和维修。

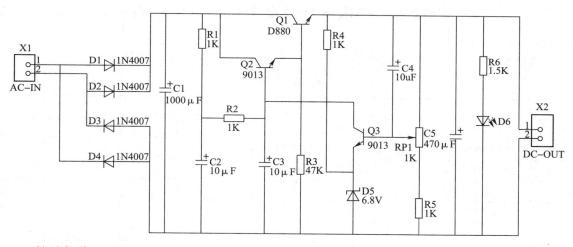

笔试部分：

（1）正确识读给定的电路图，回答电路如何实现调压？

答：

（2）正确使用工具，简述使用手动吸锡器的注意事项。

答：

（3）正确使用仪表，简述直流双臂电桥的使用方法。

答：

（4）安全文明生产，说明在一般情况下和在金属容器内，行灯的最高工作电压是多少。

答：

操作部分：排除3处故障，其中线路故障1处，器件故障2处。

（5）在不带电状态下查找故障点并在原理图上标注。

（6）排除故障，恢复电路功能。

（7）通电运行，实现电路的各项功能。

职业技能鉴定国家题库

维修电工中级操作技能考核评分记录表

考件编号：_____ 姓名：_____ 准考证号：_____ 单位：_____

总 成 绩 表

序号	试题名称	配分	得分	权重	最后得分	备注
1	三相绕线转子异步电动机串电阻启动控制电路的安装与调试	35				
2	PLC 控制三相异步电动机能耗制动装调	35				
3	串联稳压电路的测量和维修	30				
	合　　计	100				

统分人：　　　　　　　　　　　　　　　　　　　　　　　　　　年　月　日

试题1. 三相绕线转子异步电动机串电阻启动控制电路的安装与调试

序号	考核内容	考核要点	配分	评分标准	扣分	得分
1	识图	正确识图 正确回答笔试问题	5	笔试部分见参考答案和评分标准 本项配分扣完为止		
2	工具使用	正确使用工具 正确回答笔试问题	2	工具使用不正确，每次扣2分 笔试部分见参考答案和评分标准 本项配分扣完为止		

续表

序号	考核内容	考核要点	配分	评分标准	扣分	得分
3	仪表使用	正确使用仪表 正确回答笔试问题	2	仪表使用不正确，每次扣2分 笔试部分见参考答案和评分标准 本项配分扣完为止		
4	安全文明生产	（1）明确安全用电的主要内容 （2）操作过程符合文明生产要求	3	（1）笔试部分见参考答案和评分标准 （2）未经考评员同意私自通电扣3分 损坏设备扣2分 损坏工具、仪表扣1分 发生轻微触电事故扣3分 本项配分扣完为止		
5	安装布线	按照电气安装规范，依据电路图正确完成本次考核线路的安装和接线	13	（1）不按图接线，每处扣2分 （2）电源线和负载不经接线端子排接线，每根导线扣2分 （3）电器安装不牢固、不平整，不符合设计及产品技术文件的要求，每项扣2分 （4）电动机外壳没有接零或接地，扣3分 （5）导线裸露部分没有加套绝缘管，每处扣2分 本项配分扣完为止		
6	试运行	（1）通电前检测设备、元器件及电路 （2）通电试运行实现电路功能	10	（1）通电运行发生短路和开路现象扣10分 （2）通电运行异常，每项扣5分 本项配分扣完为止		
合计			35			

否定项：若考生发生重大设备和人身事故，应及时终止其考试，考生该试题成绩记为零分。

笔试部分参考答案和评分标准：

（1）写出下列图形文字符号的名称（本题分值5分，每错一处扣1分）。

QS（电源开关）；KM1（交流接触器）；FU2（熔断器）；KH（热继电器）；KT2（时间继电器）。

（2）简述使用活扳手的注意事项（本题分值2分，错答或漏答一条扣0.5分）。

答：1）依据螺母大小调节合适的钳口；2）活扳手不允许反用；3）不允许使用加力杆施加较大的扳拧力矩；4）不允许将活扳手当锤子使用。

（3）简述兆欧表的使用方法（本题分值2分，错答或漏答一条扣0.4分）。

答：1）使用前调零；2）预估被测电流的大小，选择量程；3）将被测导线置于钳口内中心位置；4）被测电路电流太小时可将被测载流导线在钳口部分的铁芯柱上绕几圈。

（4）按照有关安全规程，所用电气设备的外壳应有什么样的防护措施（本题分值3分，回答错误扣3分）。

答：电气设备的外壳应采取保护接零或者保护接地措施。

评分人：　　　　年　月　日　　　　　核分人：　　　　年　月　日

试题2. PLC控制三相异步电动机能耗制动装调

序号	考核内容	考核要点	配分	评分标准	扣分	得分
1	识图	正确识图 正确回答笔试问题	5	笔试部分见参考答案和评分标准 本项配分扣完为止		
2	工具的使用	正确使用工具 正确回答笔试问题	2	工具使用不正确每次扣2分 笔试部分见参考答案和评分标准 本项配分扣完为止		
3	仪表的使用	正确使用仪表 正确回答笔试问题	2	仪表使用不正确每次扣2分 笔试部分见参考答案和评分标准 本项配分扣完为止		
4	安全文明生产	（1）明确安全用电的主要内容 （2）操作过程符合文明生产要求	3	（1）笔试部分见参考答案和评分标准 （2）未经考评员同意私自通电扣3分 损坏设备扣2分 损坏工具、仪表扣1分 发生轻微触电事故扣3分 本项配分扣完为止		

续表

序号	考核内容	考核要点	配分	评分标准	扣分	得分
5	安装布线	按照电气安装规范，依据电路图正确完成本次考核线路的安装和接线	8	（1）不按图接线，每处扣1分 （2）电源线和负载不经接线端子排接线，每根导线扣1分 （3）电器安装不牢固、不平整，不符合设计及产品技术文件的要求，每项扣1分 （4）电动机外壳没有接零或接地，扣2分 （5）导线裸露部分没有加套绝缘管，每处扣1分 本项配分扣完为止		
6	试运行	（1）通电前检测设备、元器件及电路 （2）通电试运行实现电路功能	15	（1）通电运行发生短路和开路现象扣10分 （2）通电运行异常，每项扣5分 本项配分扣完为止		
合计			35			

否定项：若考生发生重大设备和人身事故，应及时终止其考试，考生该试题成绩记为零分。

笔试部分参考答案和评分标准：

（1）绘制PLC的I/O接口图和梯形图（本题分值5分，每错一处扣1分）。

考评员依据具体考核要求，参考运行结果，对I/O接口图和梯形图进行评分。

（2）简述使用钢丝钳的注意事项（本题分值2分，错答或漏答一条扣0.5分）。

答：1）根据不同用途，选用不同规格的钢丝钳；2）带电操作时，要检查套管的绝缘情况及耐压等级，手与钢丝钳的金属部分保持2 cm以上的距离；3）在带电剪切导线时，不得用刀口同时剪切不同电位的两根线（如相线与零线、相线与相线等），以免发生短路事故；4）不能把钢丝钳当锤子使用。

（3）简述接地电阻测量仪的使用方法（本题分值2分，错答或漏答一条扣0.5分）。

答：1）按照要求相距接地极 E′ 20 m插入电位探棒P′，20 m插入电流探棒C′，并和接地电阻测量仪 E、P、C极正确连接；2）仪表放置水平后，调整检流计的机械零位，归零；3）选择最大倍率，摇柄均匀加速到120 r/min，旋动刻度盘，使检流计指针始终保持到"0"点。此时刻度盘上读数乘上倍率挡即为被测电阻值；4）当刻度盘读数小于1，检流计指针仍未取得平衡时，可将倍率开关置于小一挡的倍率，直至调节到完全平衡为止。

（4）室外高压设备的围栏应悬挂什么内容标示牌（本题分值3分，回答错误扣3分）。

答：应悬挂"止步，高压危险！"的标示牌。

评分人：　　　　年　　月　　日　　　　　核分人：　　　　年　　月　　日

试题3．串联稳压电路的测量和维修

故障点代码＿＿＿、＿＿＿、＿＿＿。（由考生随机抽取，考评员填写）

序号	考核项目	考核要求	配分	评分标准	扣分	得分
1	识图	正确识图 正确回答笔试问题	5	笔试部分见参考答案和评分标准		
2	工具的使用	正确使用工具 正确回答笔试问题	2	工具使用不正确，每次扣2分 笔试部分见参考答案和评分标准 本项配分扣完为止		
3	仪表的使用	正确使用仪表 正确回答笔试问题	2	仪表使用不正确，每次扣2分 笔试部分见参考答案和评分标准 本项配分扣完为止		
4	安全文明生产	（1）明确安全用电的主要内容 （2）操作过程符合文明生产要求	3	（1）笔试部分见参考答案和评分标准 （2）未经考评员同意私自通电扣3分 损坏设备扣2分 损坏工具、仪表扣1分 发生轻微触电事故扣3分 本项配分扣完为止。		
5	故障查找	找出故障点，在原理图上标注	10	错标或漏标故障点，每处扣5分 本项配分扣完为止。		
6	故障排除	排除电路各处故障	3	（1）每少排除1处故障点扣2分 （2）排除故障时产生新的故障后不能自行修复，扣2分 本项配分扣完为止		

续表

序号	考核项目	考核要求	配分	评分标准	扣分	得分
7	通电运行	（1）通电前检测设备、元器件及电路 （2）电路各项功能恢复正常	5	（1）通电运行发生短路和开路现象扣5分 （2）通电运行出现异常，每处扣2分 本项配分扣完为止		
合计			30			

否定项：若考生发生重大设备和人身事故，应及时终止其考试，考生该试题成绩记为零分。

笔试部分参考答案和评分标准：

（1）回答电路如何实现调压？（本题分值5分，每错一处扣2分，扣完为止）

答：1）向上/向下调节电阻RP1，Q3的基极电位增大/减小，集电极电流也随之增大/减小；2）Q3集电极电流变化使Q2、Q1的基极电位发生减小/增大；3）Q2、Q1的基极电位发生变化，使得Q2、Q1的发射极电位随之减小/增大；4）输出电压随之减小/增大。

（2）简述使用手动吸锡器的注意事项（本题分值2分，错答或漏答一条扣0.5分）。

答：1）要依据元件焊点大小选择合适规格的吸锡器；2）使用吸锡器前要清理吸管内的焊锡，保证活塞动作顺畅；3）检查吸锡器吸管的气密性，保证足够的吸力；4）吸锡头用旧后要及时更换新的。

（3）简述直流双臂电桥的使用方法（本题分值2分，错答或漏答一条扣0.4分）。

答：1）检流计调零；2）依据电阻粗测值选择合适的比例臂和比较臂；3）按照四端电阻的接线方法把电阻接到双臂电桥上；4）按下电源B和检流计G，观察检流计指针偏转方向，增减比较臂电阻；5）检流计指向零位时，比较臂电阻乘以比例臂为电阻阻值。

（4）说明一般情况下和在金属容器内，行灯的最高工作电压是多少（本题分值3分，回答错误扣3分）。

答：一般情况下行灯的最高工作电压是36 V，在金属容器内行灯的最高工作电压是12 V。

评分人：　　　　年　　月　　日　　　　　　核分人：　　　　年　　月　　日

操作技能考核模拟试卷（六）

职业技能鉴定国家题库

维修电工中级操作技能考核试卷

注 意 事 项

一、本试卷依据 2009 年颁布的《维修电工》国家职业标准命制。

二、请根据试题考核要求，完成考试内容。

三、请服从考评人员指挥，保证考核安全顺利进行。

试题 1. 三相交流异步电动机顺序控制电路的安装与调试

考核要求

（1）正确使电工工具及仪器、仪表。

（2）正确安装、接线并调试成功。

（3）考核注意事项：

1）满分 35 分，时间 120 min。

2）安全文明操作。

（4）按照电气安装规范，依据下图所示的电路图正确完成两台电动机顺序启动、顺序停止控制线路的安装、接线和调试。

笔试部分：

（1）正确识读给定的电路图，写出下列图形文字符号的名称。

QS（   ）；KM2（   ）；1M（   ）；KH1（   ）；

PE（   ）。

（2）正确使用工具，简述使用尖嘴钳的注意事项。

答：

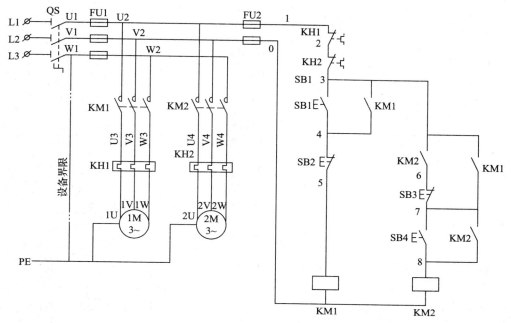

(3) 正确使用仪表，简述使用指针式万用表测量直流电流的方法。

答：

(4) 安全文明生产，说明在邻近可能误登的架构或梯子上，应悬挂什么文字的标示牌？

答：

试题 2．PLC 控制三相绕线式电动机启动装调

考核要求

(1) 考试时间：120 min。

(2) 考核方式：实操 + 笔试。

(3) 本题分值：35 分。

(4) 具体考核要求：按照电气安装规范，依据下图所示的主电路绘制 I/O 接线图，正确完成 PLC 控制绕线式电动机启动线路的安装、接线和调试。

笔试部分：

(1) 正确识读给定的电路图，将控制电路部分改为 PLC 控制，在答题纸上正确绘制 PLC 的 I/O 口（输入/输出）接线图并设计 PLC 梯形图。

(2) 正确使用工具，简述使用高压验电器的注意事项。

答：

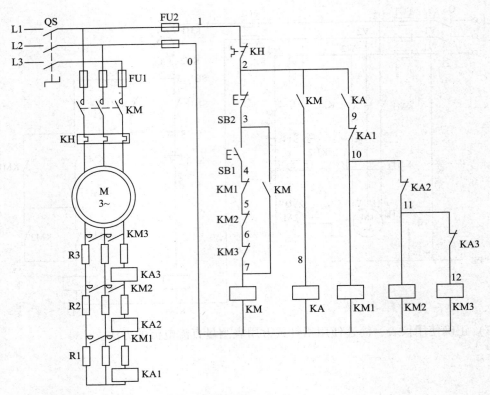

（3）正确使用仪表，简述数字万用表的使用方法。

答：

（4）安全文明生产，说明在施工现场配电母线和架空配电线路中，标志 L1、L2、L3 三相相序的绝缘色是什么颜色？

答：

操部作分：

（5）按照电气安装规范，将控制电路部分改为 PLC 控制，依据主电路和绘制的 I/O 接线图正确完成 PLC 控制电动机启动线路的安装和接线。

（6）正确编制程序并输入 PLC 中。

（7）通电试运行。

笔试部分答题纸：

（1）PLC 接线图。

（2）PLC 梯形图。

试题 3. 单结晶体管触发电路的测量和维修

考核要求

（1）考试时间：60 min。

（2）考核方式：实操 + 笔试。

（3）试卷抽取方式：由考生随机抽取故障序号。

（4）本题分值：30 分。

（5）具体考核要求：单结晶体管触发电路的测量和维修。

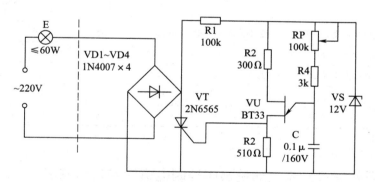

笔试部分：

（1）正确识读给定的电路图，回答图中稳压二极管的作用。

答：

（2）正确使用工具，简述使用手电钻的注意事项。

答：

（3）正确使用仪表，简述信号发生器的使用方法。

答：

（4）安全文明生产，说明安全间距的大小决定于哪些因素？

答：

操作部分：排除 3 处故障，其中线路故障 1 处，器件故障 2 处。

（5）在不带电状态下查找故障点并在原理图上标注。

（6）排除故障，恢复电路功能。

（7）通电运行，实现电路的各项功能。

职业技能鉴定国家题库

维修电工中级操作技能考核评分记录表

考件编号：＿＿＿＿＿＿ 姓名：＿＿＿＿＿＿ 准考证号：＿＿＿＿＿＿ 单位：＿＿＿＿＿＿

总 成 绩 表

序号	试题名称	配分	得分	权重	最后得分	备注
1	三相交流异步电动机顺序控制电路的安装与调试	35				
2	PLC 控制三相绕线式电动机启动装调	35				
3	单结晶体管触发电路的测量和维修	30				
	合　　计	100				

统分人： 　　　　　　　　　　　　　　　　　　　　　　　　 年　月　日

试题 1.　三相交流异步电动机顺序控制电路的安装与调试

序号	考核内容	考核要点	配分	评分标准	扣分	得分
1	识图	正确识图 正确回答笔试问题	5	笔试部分见参考答案和评分标准 本项配分扣完为止		
2	工具使用	正确使用工具 正确回答笔试问题	2	工具使用不正确，每次扣 2 分 笔试部分见参考答案和评分标准 本项配分扣完为止		

续表

序号	考核内容	考核要点	配分	评分标准	扣分	得分
3	仪表使用	正确使用仪表 正确回答笔试问题	2	仪表使用不正确，每次扣2分 笔试部分见参考答案和评分标准 本项配分扣完为止		
4	安全文明生产	（1）明确安全用电的主要内容 （2）操作过程符合文明生产要求	3	（1）笔试部分见参考答案和评分标准 （2）未经考评员同意私自通电扣3分 损坏设备扣2分 损坏工具、仪表扣1分 发生轻微触电事故扣3分 本项配分扣完为止		
5	安装布线	按照电气安装规范，依据电路图正确完成本次考核线路的安装和接线	13	（1）不按图接线，每处扣2分 （2）电源线和负载不经接线端子排接线，每根导线扣2分 （3）电器安装不牢固、不平整，不符合设计及产品技术文件的要求，每项扣2分 （4）电动机外壳没有接零或接地，扣3分 （5）导线裸露部分没有加套绝缘管，每处扣2分 本项配分扣完为止		
6	试运行	（1）通电前检测设备、元器件及电路 （2）通电试运行实现电路功能	10	（1）通电运行发生短路和开路现象扣10分 （2）通电运行异常，每项扣5分 本项配分扣完为止		
合计			35			

否定项：若考生发生重大设备和人身事故，应及时终止其考试，考生该试题成绩记为零分。

笔试部分参考答案和评分标准：

（1）写出下列图形文字符号的名称（本题分值5分，每错一处扣1分）。

QS（电源开关）；KM2（交流接触器）；1M（三相交流电动机）；KH1（热继电器）；PE（保护接地线）。

（2）简述使用尖嘴钳的注意事项（本题分值2分，错答或漏答一条扣0.5分）。

答：1）尖嘴钳的头部尖细，适合在狭小的空间操作，钳头用于夹持较小螺钉、垫圈、导线及把导线端头弯曲成所需形状；2）小刀口只能用于剪断细小的导线、金属丝等；3）带电作业时要检查手柄的绝缘情况，并注意耐压等级；4）不允许用尖嘴钳装卸螺母、夹持较粗的硬金属导线及其他硬物。

（3）简述使用指针式万用表测量直流电流的方法。（本题分值2分，错答或漏答一条扣0.5分）

答：1）使用前机械调零；2）预估被测交流电压的大小，选择量程，未知被测量应选用最大量程；3）红表笔接高电位，黑表笔接低电位；4）依据被测量测量结果调整量程，使表针偏转2/3左右，并正确读数。

（4）可能误登的架构上应悬挂什么文字的标示牌？（本题分值3分，回答错误扣3分）

答：应悬挂"禁止攀登，高压危险！"的标示牌。

评分人：　　　　年　　月　　日　　　　　核分人：　　　　年　　月　　日

试题2. PLC控制三相绕线式电动机启动装调

序号	考核内容	考核要点	配分	评分标准	扣分	得分
1	识图	正确识图 正确回答笔试问题	5	笔试部分见参考答案和评分标准 本项配分扣完为止		
2	工具的使用	正确使用工具 正确回答笔试问题	2	工具使用不正确，每次扣2分 笔试部分见参考答案和评分标准 本项配分扣完为止		
3	仪表的使用	正确使用仪表 正确回答笔试问题	2	仪表使用不正确，每次扣2分 笔试部分见参考答案和评分标准 本项配分扣完为止		
4	安全文明生产	（1）明确安全用电的主要内容 （2）操作过程符合文明生产要求	3	（1）笔试部分见参考答案和评分标准 （2）未经考评员同意私自通电扣3分 损坏设备扣2分 损坏工具、仪表扣1分 发生轻微触电事故扣3分 本项配分扣完为止		

续表

序号	考核内容	考核要点	配分	评分标准	扣分	得分
5	安装布线	按照电气安装规范,依据电路图正确完成本次考核线路的安装和接线	5	(1) 不按图接线,每处扣1分 (2) 电源线和负载不经接线端子排接线,每根导线扣1分 (3) 电器安装不牢固、不平整,不符合设计及产品技术文件的要求,每项扣1分 (4) 电动机外壳没有接零或接地,扣2分 (5) 导线裸露部分没有加套绝缘管,每处扣1分 本项配分扣完为止		
6	试运行	(1) 通电前检测设备、元器件及电路 (2) 通电试运行实现电路功能	15	(1) 通电运行发生短路和开路现象扣10分 (2) 通电运行异常,每项扣5分 本项配分扣完为止		
合计			35			

否定项:若考生发生重大设备和人身事故,应及时终止其考试,考生该试题成绩记为零分。

笔试部分参考答案和评分标准:

(1) 绘制 PLC 的 I/O 接口图和梯形图(本题分值5分,每错一处扣1分)。

考评员依据具体考核要求,参考运行结果,对 I/O 接口图和梯形图进行评分。

(2) 简述使用高压验电器的注意事项(本题分值2分,错答或漏答一条扣0.5分)。

答:1) 使用前必须进行检查,对确定的带电体进行检测,确定验电器是完好的;2) 必须戴绝缘手套,穿绝缘鞋,手握部位不允许超过护环;3) 使用时必须两人进行,一人操作,一人监护;4) 雨、雪、雾等恶劣天气严禁使用。

(3) 简述数字万用表的使用方法(本题分值2分,错答或漏答一条扣0.5分)。

答:1) 根据被测量的性质、大小选择合适量程;2) 测量时不需要区分正负极,极性接反时,结果为负;3) 使用时,注意手指不要接触表笔金属部分;4) 使用过程中注意电池容量,电池报警时及时更换电池。

(4) 标志 L1、L2、L3 三相相序的绝缘色是什么颜色?(本题分值3分,回答错误扣3分)

答:L1、L2、L3 三相相序的绝缘色是黄色、绿色、红色。

评分人:　　　年　　月　　日　　　　　核分人:　　　年　　月　　日

试题3. 单结晶体管触发电路的测量和维修

故障点代码＿＿＿、＿＿＿、＿＿＿。（由考生随机抽取，考评员填写）

序号	考核项目	考核要求	配分	评分标准	扣分	得分
1	识图	正确识图 正确回答笔试问题	5	笔试部分见参考答案和评分标准		
2	工具的使用	正确使用工具 正确回答笔试问题	2	工具使用不正确，每次扣2分 笔试部分见参考答案和评分标准 本项配分扣完为止		
3	仪表的使用	正确使用仪表 正确回答笔试问题	2	仪表使用不正确，每次扣2分 笔试部分见参考答案和评分标准 本项配分扣完为止		
4	安全文明生产	（1）明确安全用电的主要内容 （2）操作过程符合文明生产要求	3	（1）笔试部分见参考答案和评分标准 （2）未经考评员同意私自通电扣3分 损坏设备扣2分 损坏工具、仪表扣1分 发生轻微触电事故扣3分 本项配分扣完为止		
5	故障查找	找出故障点，在原理图上标注	10	错标或漏标故障点，每处扣5分 本项配分扣完为止		
6	故障排除	排除电路各处故障	3	（1）每少排除1处故障点扣2分 （2）排除故障时产生新的故障后不能自行修复，扣2分 本项配分扣完为止		
7	通电运行	（1）通电前检测设备、元器件及电路 （2）电路各项功能恢复正常	5	（1）通电运行发生短路和开路现象扣5分 （2）通电运行出现异常，每处扣2分 本项配分扣完为止		
合计			30			

否定项：若考生发生重大设备和人身事故，应及时终止其考试，考生该试题成绩记为零分。

笔试部分参考答案和评分标准：

（1）回答图中稳压二极管的作用（本题分值5分，每错一处扣2分，扣完为止）。

答：1）将正弦波削峰变成梯形波，用于同步；2）保证单结晶体管直流电源电压稳定；3）保证第一个触发脉冲触发时间不受电源波动的影响。

（2）简述使用手电钻的注意事项（本题分值2分，错答或漏答一条扣0.5分）。

答：1）使用前检查线缆是否完好，手电钻是否漏电；2）采用正确的操作姿势，避免单手操作；3）清理钻头废屑或更换钻头必须断开电源；4）注意钻头的旋转方向，用力不要过大；5）使用手电钻时严禁戴棉线手套，注意手指不要接触钻头。

（3）简述信号发生器的使用方法（本题分值2分，错答或漏答一条扣0.5分）。

答：1）选择波形种类；2）选择波形频率；3）选择波形幅值；4）选择调制类型。

（4）说明安全间距的大小决定于哪些因素（本题分值3分，回答错误扣3分）。

答：安全间距的大小取决于电压的高低、电气设备的类型及安装方式等因素。

评分人：　　　年　　月　　日　　　　　核分人：　　　年　　月　　日